AF568880

Karl Gissing

Einfach Schmieden

Karl Gissing

Einfach Schmieden

Alle Grundtechniken
20 Werkstücke – 222 Abbildungen

Leopold Stocker Verlag
Graz – Stuttgart

Umschlaggestaltung:
DSR Werbeagentur Rypka GmbH, 8143 Dobl/Graz, www.rypka.at
Titelbild: Karl Gissing

Alle Abbildungen wurden dem Verlag freundlicherweise vom Autor mit Unterstützung der HTBL Kapfenberg zur Verfügung gestellt.

Bibliografische Information der Deutschen Nationalbibliothek
Die Deutsche Nationalbibliothek verzeichnet diese Publikation in der Deutschen Nationalbibliografie; detaillierte bibliografische Daten sind im Internet unter http://dnb.d-nb.de abrufbar.

Hinweis: Dieses Buch wurde auf chlorfrei gebleichtem Papier gedruckt. Die zum Schutz vor Verschmutzung verwendete Einschweißfolie ist aus Polyethylen chlor- und schwefelfrei hergestellt. Diese umweltfreundliche Folie verhält sich grundwasserneutral, ist voll recyclingfähig und verbrennt in Müllverbrennungsanlagen völlig ungiftig.

Auf Wunsch senden wir Ihnen gerne kostenlos unser Verlagsverzeichnis zu:
Leopold Stocker Verlag GmbH
Hofgasse 5 / Postfach 438
A-8011 Graz
Tel.: +43 (0)316/82 16 36
Fax: +43 (0)316/83 56 12
E-Mail: stocker-verlag@stocker-verlag.com
www.stocker-verlag.com

ISBN 978-3-7020-1352-3

Layout und Repro: DSR Werbeagentur Rypka GmbH, 8143 Dobl/Graz
Druck: Christian Theiss GmbH., A-9431 St. Stefan

Inhalt

DI Dr. Karl Gissing

Vorwort

Glühendes Eisen und rußgeschwärzte Schmiedewerkstätten waren lange Zeit das kennzeichnende Merkmal einer jahrhundertelangen Handwerkstradition. Mit Beginn der maschinellen Fertigung wurde das Handwerk des Schmiedens in den Hintergrund gedrängt, es schien sogar vom Aussterben bedroht. Dennoch fasziniert viele Menschen die Arbeit mit glühenden Metallen noch heute. Das mag auch ein Grund dafür sein, dass viele handwerklich Talentierte sich in ihrer Freizeit mit dem Schmieden beschäftigen. Es sind dabei zwei Strömungen zu beobachten: jene, die sich zum Ziel gesetzt hat, streng nach historischen Methoden zu arbeiten, und davon abweichende Fertigungsmethoden eher ablehnt, und jene, für die die Herstellung von geschmiedeten Gegenständen im Vordergrund steht. Dabei werden alle Techniken der Metallverarbeitung angewandt und miteinander kombiniert.

Das vorliegende Buch richtet sich an die zweite Gruppe und möchte Personen, die sich für das Schmieden interessieren, beim Einstieg in diese Technik Unterstützung geben. In einem Überblick werden Verfahren und Werkstoffe des Schmiedens dargestellt. Dabei kann nicht der Anspruch auf Vollständigkeit erhoben werden, da dies mehrere Bücher füllen würde. Es wurde daher versucht, die Zusammenhänge stark zu vereinfachen und auf die praktische Anwendbarkeit beim Schmieden abzustimmen. Ein wesentliches Element bei den Schmiedearbeiten ist die Kreativität beim Entwerfen von Schmiedestücken. Hier stößt man rasch an die Grenzen des Machbaren, wenn nicht eine gut ausgerüstete Werkstätte zur Verfügung steht. Es wird daher auch darauf eingegangen, was die Minimalanforderungen an eine Schmiedewerkstätte für den Hobbybetrieb sind. Ein Kapitel mit der Beschreibung der Arbeitsgänge beim Schmieden von Werkstücken mit steigendem Schwierigkeitsgrad zeigt beispielhaft das

Entstehen von Schmiedearbeiten. Die meisten der beschriebenen Werkstücke hat der Verfasser selbst in einer einfach ausgestatteten Schmiedewerkstätte geschmiedet. Viele der in Bildern gezeigten Arbeitsschritte wurden von Schülerinnen und Schülern der Höheren Technischen Bundeslehranstalt Kapfenberg, Fachschule für Maschinenbau, durchgeführt. Die Fachschule für Maschinenbau ist aus der Fachschule für Bau-, Kunst- und Maschinenschlosserei hervorgegangen. Einige Fotos von aufwändig gestalteten Schmiedestücken stammen aus der Sammlung dieser Schule. Als Ausblick und Anregung für angehende Kunstschmiede werden in einem Bildteil ausgewählte Schmiedearbeiten präsentiert. Literaturhinweise und Firmenadressen sollen den Leser bei der Erweiterung seines Fachwissens unterstützen.

Das Schmieden

Schmieden ist ein Verfahren der Umformtechnik für Metalle. Durch Schlag oder Druck wird das Werkstück im glühenden Zustand in eine gewünschte Form gebracht (Warmumformung). Es sind auch Kaltumformverfahren gebräuchlich, auf diese wird aber hier nicht näher eingegangen. Alternative Verfahren zum Schmieden sind das Gießen und die spanabhebende Bearbeitung wie Drehen und Fräsen. Schmieden und Gießen sind in einigen Anwendungsfällen gleichwertig, jedoch hat jedes Verfahren seine Vor- und Nachteile. Schmieden hat gegenüber den spanabnehmenden Arbeitsverfahren zwei bedeutende Vorteile: Die Eigenschaften des Werkstoffes werden verbessert und es kann Material eingespart werden.

Geschichte des Schmiedens

Mit der Entdeckung der Metalle war unmittelbar die Frage nach der Formgebung verbunden. Fundstücke aus der Kupferzeit, wie Meißel und Äxte, stammen aus der Zeit um 8000 v. Chr. Zunächst konnte nur gediegen vorkommendes Kupfer durch „Schmieden" bearbeitet werden. Es ist in diesem Zustand sehr weich und wird schnell stumpf. Erst die Entwicklung der Gießtechnik ermöglichte die Herstellung von Werkstücken mit Legierungselementen (Messing durch einen Anteil von Zink oder Bronze als Kupfer-Zinn-Legierung) und damit besseren mechanischen Eigenschaften. Der Mann „Ötzi" aus den Ötztaler Alpen, der etwa 3.300 Jahre v. Chr. lebte, hatte bereits ein gegossenes Kupferbeil bei sich. Wesentliche Verbesserungen wurden erst in der Eisenzeit möglich. Werkzeuge und Waffen waren die Triebfedern dieser Entwicklung. Großen Bekanntheitsgrad haben die Samurai-Schwerter aus Japan erlangt. Diese zeichnen sich durch eine besondere Qualität aus und werden noch heute hergestellt. In europäischen Sagen kommen ebenfalls berühmte

Schwerter vor: das Schwert Excalibur von König Artus, das seinem Träger übermenschliche Kräfte verleihen sollte, sowie Siegfrieds Schwert Balmung aus der Nibelungensage.

Schmieden ist eines der ältesten Formgebungsverfahren für Metalle, demzufolge ist auch das Handwerk des Schmiedes einer der ältesten Berufe. Im Laufe der Jahrtausende bildeten sich viele Spezialdisziplinen, wie Hufschmied, Messerschmied, Kunstschmied und zahlreiche andere mehr, heraus. Viele heutige Metallverarbeitungsbetriebe sind aus Schmiedebetrieben entstanden.

Wirtschaftlich bedeutend sind diese Industriebetriebe für das Schmieden von Maschinenteilen für die Luftfahrt, wie z. B. Fahrwerksteile oder Turbinenschaufeln für die Triebwerke. Letztere erfordern eine besonders sorgfältige Fertigung, da der Bruch dieses Maschinenteiles in einer Flugzeugturbine schwerste Schäden verursachen kann, die bis zum Absturz des Flugzeuges führen können.

Reiterharnisch, ausgestellt im Universalmuseum Joanneum, Landeszeughaus in Graz.

Quelle: Universalmuseum Joanneum, Graz.

Foto eines Schwertes aus der Zeit von 1580–1620, ausgestellt im Universalmuseum Joanneum, Landeszeughaus in Graz.

Quelle: Universalmuseum Joanneum, Graz.

Verfahrensbeschreibung

Die folgenden Ausführungen sind auf die Verarbeitung von Stahl ausgerichtet. Die Arbeit des Schmiedes beginnt mit der Erwärmung des Werkstückes auf Schmiedetemperatur. Durch die Erwärmung sinken die für die Umformung des Werkstückes erforderlichen Kräfte stark ab; der Werkstoff kann dann relativ leicht plastisch verformt werden. Die Höchstwerte der Schmiedetemperaturen liegen für Stahl im Bereich von 1050 °C bis 1350 °C und hängen vom Kohlenstoffgehalt des Stahles ab (siehe Tabelle).

Stahl hat bei höheren Temperaturen charakteristische Farben, die eine hinreichend genaue Zuordnung zur jeweiligen Temperatur ermöglichen. Von Bedeutung sind die Glühfarben für die Warmumformung und die so genannten Anlassfarben für das Anlassen nach dem Härten. Die Glühfarben werden durch den Kohlenstoffgehalt nicht beeinflusst.

Kohlenstoffgehalt in %	Höchste Schmiede-Temperatur in °C
0,1%	1350 °C
0,2%	1320 °C
0,5%	1240 °C
0,8%	1150 °C
1,2%	1050 °C
1,5%	1050 °C

Richtwerte für die höchste Schmiedetemperatur von unlegierten Kohlenstoffstählen

Übersicht der Glüh- und Anlassfarben

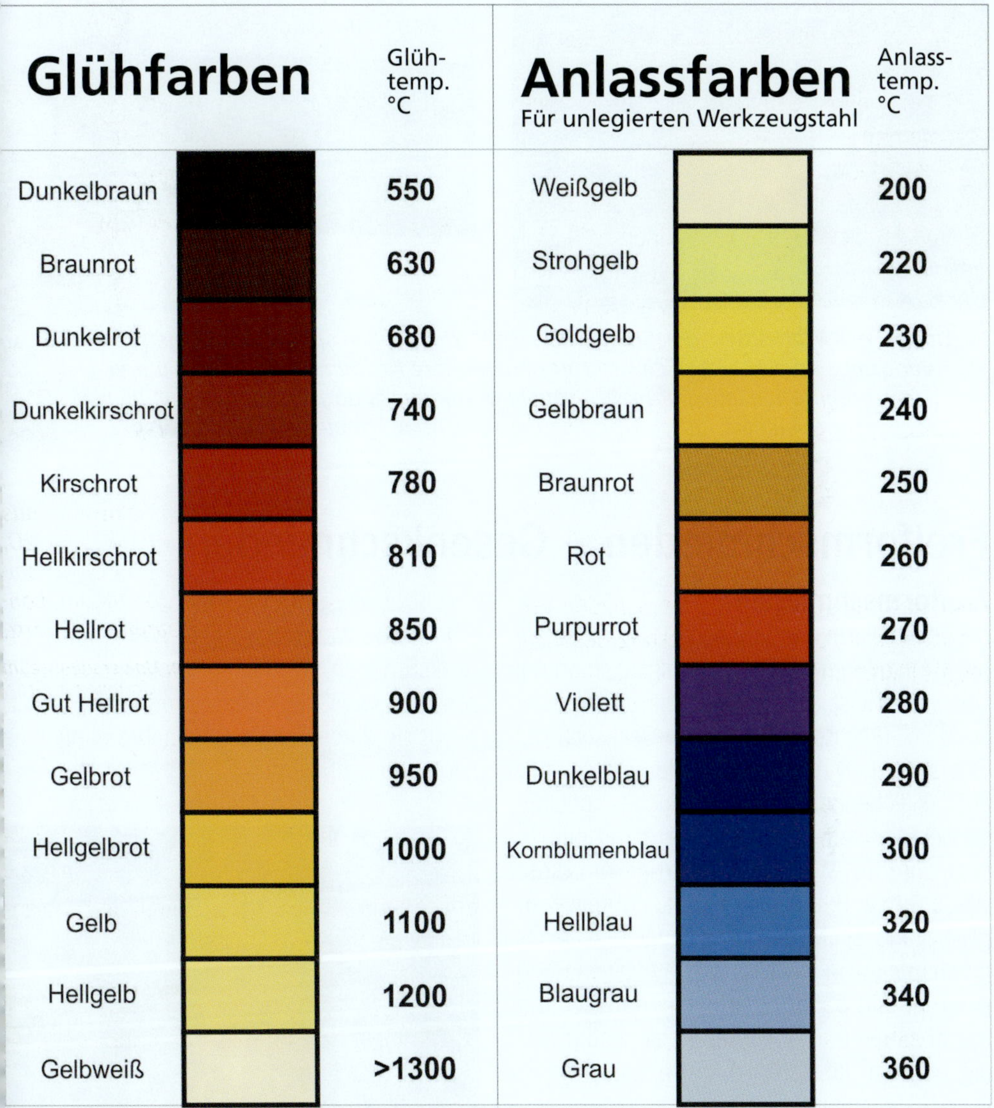

Glühfarben	Glühtemp. °C	Anlassfarben Für unlegierten Werkzeugstahl	Anlasstemp. °C
Dunkelbraun	550	Weißgelb	200
Braunrot	630	Strohgelb	220
Dunkelrot	680	Goldgelb	230
Dunkelkirschrot	740	Gelbbraun	240
Kirschrot	780	Braunrot	250
Hellkirschrot	810	Rot	260
Hellrot	850	Purpurrot	270
Gut Hellrot	900	Violett	280
Gelbrot	950	Dunkelblau	290
Hellgelbrot	1000	Kornblumenblau	300
Gelb	1100	Hellblau	320
Hellgelb	1200	Blaugrau	340
Gelbweiß	>1300	Grau	360

Anlassfarben für Stahl

Zu hohe Erwärmung

Durch eine zu hohe Erwärmung des Werkstückes wird der Stahl in seiner Grundstruktur zerstört. Dadurch wird das Werkstück unbrauchbar.

Bei einer Überhitzung des Schmiedestückes spritzen Funken (Sternchen) vom Werkstück weg.

Überhitztes Werkstück, der Stahl „verbrennt", die Funken sprühen und das Werkstück verformt sich durch die Schwerkraft ohne äußere Krafteinwirkung nach unten. Der verbrannte Teil ist nicht mehr brauchbar und muss abgetrennt werden. (links) Abgekühltes, durch Überhitzung zerstörtes Schmiedestück. (rechts)

Freiformschmieden – Gesenkschmieden

Freiformschmieden

Die älteste Form des Schmiedens ist das so genannte Freiformschmieden. Ausgangsmaterial ist üblicherweise ein Stahlstab mit rundem oder eckigem (Rechteck, Quadrat, Sechseck ...) Querschnitt. Durch gezielte Hammerschläge auf das glühende Werkstück, welches auf einer schweren metallenen Unterlage, dem Amboss, liegt, wird das Werkstück gefertigt. Auf diese Weise wird z. B. aus einem Rundstab ein Ziergegenstand, ein Messer, eine Zange u. Ä. Jedes gleichartige Werkstück ist vollständig von Hand gefertigt und daher nicht völlig identisch mit einem anderen. Das Verfahren ist zeitaufwändig, erfordert körperliche Anstrengung und ist daher kostspielig. Freiformschmieden entspricht auch weitgehend der landläufigen Vorstellung vom Schmieden: eine dunkle, verrußte Werkstätte mit Kohlenfeuer und glühenden Werkstücken sowie lautstarken Hammerschlägen der Schmiede. Diese werden in der Regel als kräftige, ebenfalls rußgeschwärzte Männer dargestellt (engl.: blacksmith).

Sehr große Werkstücke, z. B. Wellen für Kraftwerksturbinen, werden auf großen Schmiedepressen oder Schmiedehämmern bearbeitet, bevor sie durch Zerspanung in ihre endgültige Form gebracht werden.

Blick in die Schmiedehalle bei Böhler Schmiedetechnik in Kapfenberg

Schmiedehammer für das Freiformschmieden, links der Manipulator für das Werkstückhandling, rechts der Maschinenführer, der über einen Handhebel die Hammerschläge auslöst. Der Bedienungsmann im Manipulator führt die Drehbewegungen und die Axialbewegungen des Werkstückes aus. Manipulator und Maschinenführer müssen gut zusammenarbeiten, um Ausschuss zu vermeiden. (oben)

Freiformschmieden eines großen Werkstückes bei Böhler Schmiedetechnik in Kapfenberg, Österreich. Das Werkstück wird mittels eines Manipulators gehalten und transportiert. Die Erwärmung erfolgt in einem gasbeheizten Ofen, die Erwärmungszeit beträgt etwa eine Stunde. Freiformschmieden wird oft als Vorstufe für das Gesenkschmieden angewandt. (unten)

Gesenkschmieden

Dies ist ein Schmiedeverfahren, welches häufig in der industriellen Fertigung angewendet wird. Dabei werden zwei Formhälften aus Stahl verwendet, in welche die Form des Werkstückes eingearbeitet ist (Gesenk).

In die untere Hälfte des Gesenkes wird das zu verformende Werkstück mit Übermaß eingelegt und darüber wird die zweite Hälfte des Gesenkes passgenau angeordnet. Durch Hammerschläge mit dem Vorschlaghammer oder mit dem Maschinenhammer – die Größe des Hammers wird durch die Größe des Werkstückes bestimmt – wird das Gesenk zusammengedrückt, wobei das Werkstück die Form des Gesenkhohlraumes einnimmt. Um sicherzugehen, dass das Gesenk vollständig ausgefüllt wird, ist es notwendig, mehr Volumen einzubringen, als unbedingt notwendig wäre. Es entsteht somit überschüssiges Material, welches als Grat am Werkstück bestehen bleibt und nachträglich entfernt werden muss. Im Gesenkschmiedeverfahren lassen sich größere Maßgenauigkeiten und eine bessere Reproduzierbarkeit (jedes Werkstück hat die gleichen Ab-

Kleines Gesenk für das Gesenkschmieden einer Kugel. Die beiden Gesenkhälften werden mit einem gebogenen Flachstahl in Position gehalten und durch die Federwirkung des gebogenen Flachstahles offen gehalten.

Freiformgeschmiedeter Vorformling in einer Gesenkhälfte. Nach dem Zusammenpressen oder Zusammenschlagen mit der zweiten Gesenkhälfte wird der Hohlraum des Gesenkes vollständig ausgefüllt und zwischen den beiden Gesenkhälften bleibt überschüssiges Material (Grat) stehen. Dieser Grat wird in einem weiteren Arbeitsschritt abgetrennt. Die beiden Bohrungen (die zwei gegenüberliegenden sind im Bild nicht sichtbar) im Gesenk dienen für die Aufnahme von Zentrierbolzen. Dadurch wird gewährleistet, dass die beiden Hohlräume des Gesenkes exakt übereinander liegen und auch während des Verformungsvorganges in Position bleiben.

Kalt gebogenes Element eines Rankgitters. Das Ende des Stabes in der Bildmitte ist bedingt durch die Einspannung in die Biegemaschine gerade ausgeführt. Bei handgefertigten Stücken wird das Ende eines Stabes beispielsweise flach ausgeschmiedet und rund gebogen. Diese geraden Enden sind ein typisches Zeichen für die maschinelle Fertigung.

messungen) als beim Freiformschmieden erreichen. Die Herstellung von Gesenken ist teuer. Das Verfahren lohnt sich daher nur bei großen Stückzahlen.

Schmieden im kalten Zustand

Für die gewerbliche und industrielle Fertigung werden Schmiedemaschinen verwendet, die vorwiegend einfache Stäbe durch Drehen und Biegen herstellen können. Die Maschinen formen die Stäbe vorwiegend im kalten Zustand um; dadurch wird auch die so genannte Verzunderung vermieden. Im glühenden Zustand reagiert die Stahloberfläche mit dem Luftsauerstoff, dabei entsteht Eisenoxid, welches umgangssprachlich Zunder genannt wird. Diese Zunderschicht haftet im abgekühlten Werkstück teilweise noch an der Oberfläche und sollte vor einer Oberflächenbehandlung entfernt werden (Drahtbürste). Kalt geformte Stäbe sind leicht zu erkennen, da sie an der Oberfläche völlig gleichmäßig beschaffen und keine Hammerschläge sichtbar sind. Bei Biegeteilen ist der Beginn der Biegung meistens ein kleines Stück gerade, was durch die Einspannstelle verursacht wird. Diese Gegenstände sind in den meisten Fällen aus relativ dünnen Drähten oder Flachstählen hergestellt, damit geringe Verformungskräfte auftreten. Der wesentliche Vorteil dieser Herstellmethode ist der niedrige Preis.

Werkstoffe für das Schmieden

Eisen

Stahl

Nichteisenmetalle (NE-Metalle)

Viele Metalle eignen sich für das Schmieden. Eine lange Tradition haben Gold, Silber und Kupfer, vorwiegend für Schmuckstücke, wie historische Funde belegen. Mit der Entdeckung des Eisens konnten auch bessere Werkzeuge und Waffen vorwiegend durch Schmieden hergestellt werden. Vor allem Waffenschmiede erlangten große Berühmtheit. Reines Eisen hat wirtschaftlich nur wenig Bedeutung, da die Eigenschaften für die meisten technischen Anwendungen unzureichend sind. Die Verbindung mit Kohlenstoff ergibt Stahl, wobei durch den Kohlenstoffgehalt und weitere Legierungsbestandteile die Eigenschaften gezielt beeinflusst werden können.

Eisen

Umgangssprachlich werden die Begriffe Eisen und Stahl sachlich nicht korrekt unterschieden. In der Technik versteht man unter Eisen das Metall Eisen ohne Legierungsbestandteile (Reineisen). Es hat einen Schmelzpunkt von 1.536 °C und ist gut formbar. Die Festigkeitswerte gegenüber Stahl sind wesentlich geringer. Der Bezug von Eisenhalbzeug (das sind unbearbeitete Eisenstücke) kann über spezielle Firmen aus der Schmiedebranche erfolgen. Eisen wird außerdem für einige technische Spezialanwendungen benötigt.

Stahl

Stahl ist ein Werkstoff, der aus Eisen mit geringen Mengen Kohlenstoff in Verbindung (Legierung) besteht. Im Normalfall hat man es daher fast

Foto: Fachoberlehrer Hannes Putzgruber,
Höhere Technische Bundeslehranstalt Kapfenberg.

immer mit Stahl zu tun. Die oft verwendete Bezeichnung Flacheisen ist bis auf den Fall, dass es sich um Reineisen handelt, nicht korrekt und wird statt der richtigen Bezeichnung Flachstahl verwendet. Mit Zunahme des Kohlenstoffgehaltes im Stahl sinkt der Schmelzpunkt und damit auch die erforderliche Schmiedetemperatur. Die wesentliche Eigenschaftsänderung durch die Verbindung mit Kohlenstoff ist die enorme Verbesserung der mechanischen Eigenschaften, vor allem die Möglichkeit, durch rasche Abkühlung die Härte zu erhöhen. Dadurch können Werkzeuge und andere Gegenstände mit hoher Lebensdauer hergestellt werden. Entscheidend ist auch, in welcher Form der Kohlenstoff im Eisen vorkommt – in gelöster Form im Kristallgitter oder als elementarer Kohlenstoff in Form von Graphit zwischen dem Kristallgitter des Eisens. In ersterem Fall handelt es sich um den bekannten Werkstoff Stahl, im anderen um Gusseisen, welches nicht schmiedbar ist. Die Bezeichnung Gusseisen ist in diesem Fall zulässig, da Reineisen und Kohlenstoff elementar vorkommen. Neben dem Kohlenstoff als Legierungselement gibt es noch eine Vielzahl von Metallen, mit denen Stahl legiert wird. Beispielsweise wird durch einen Chromgehalt von mindestens 12 % der Stahl korrosionsbeständig (Nirosta). Durch die große Zahl der Legierungsvarianten ist es möglich, für nahezu jeden Anwendungsbereich eine optimale Legierung zu finden. Dies führt in den wissenschaftlichen Bereich, es gibt dafür an den einschlägigen Universitäten die Studienrichtung Metallurgie und Werkstoffkunde. Die Bezeichnung der Stähle erfolgt ebenfalls nach Normen. Die Stahlhersteller verwenden meistens zusätzlich noch eigene Bezeichnungen. Firmenunabhängig sind die Bezeichnung mit Werkstoffnummern und die Bezeichnung nach den wesentlichen Legierungsbestandteilen üblich.

Beispiel: Werkzeugstahl für die Verwendung in Stanzen und Scheren

Bezeichnung mit **Werkstoffnummern**
z. B.: *1.2101* – 1. Ziffer 1 steht für Stahl, die beiden nächsten Ziffern bezeichnen die Stahlsorte, 21 bedeutet Werkzeugstahl mit den Legierungselementen Chrom, Silizium und Mangan. Die beiden letzten Ziffern 01 dienen der weiteren Unterscheidung dieser Stahlsorte.

Bezeichnung nach den wesentlichen **Legierungsbestandteilen**
(Diese Methode ist für Laien schwer nachvollziehbar.)
z. B.: *62SiMnCr4* – die Ziffern vor den Buchstaben geben den hundertfachen Kohlenstoffgehalt an; das bedeutet 62/100 % Kohlenstoff = 0,62 % Kohlenstoff, die Zahl hinter den Legierungsbestandteilen (Buchstaben) gibt die vierfache Menge des ersten Legierungsbestandteiles, also 4/4 % = 1 % Silizium, an. Da keine weitere Ziffer steht, bedeutet dies, dass Mangan und Chrom in dieser Legierung nur in geringen Mengen vorkommen. Die firmeninterne Bezeichnung der Firma Böhler lautet K245, wobei K für Kaltarbeitsstahl steht.

Diese kleine und unvollständige Einführung in die Stahlbezeichnung zeigt, dass durch diese allein die genaue Zusammensetzung des Stahles nicht exakt darstellbar ist. Außerdem ist ein fundiertes Fachwissen nötig, um den Einfluss einzelner Legierungselemente auf die Stahleigenschaften abschätzen zu können. In der Praxis zeigt sich, dass man in den meisten Fällen mit wenigen Stahlsorten das Auslangen findet.

Bücherstütze aus handelsüblichem Flachstahl freiformgeschmiedet. Kohlenstoffgehalt des Stahles weniger als 0,2 %.

Gesenkgeschmiedetes Maschinenteil in der dazugehörigen Gesenkhälfte (der Grat wurde in einem weiteren Arbeitsschritt bereits abgetrennt). Fertigbearbeitung durch Zerspanung

Je nach Verwendung der Schmiedestücke können verschiedene Legierungen verwendet werden, z. B. auf Nickelbasis.

Für das Schmieden von Zier- und Gebrauchsgegenständen ist vorwiegend die gute Verarbeitbarkeit (Schmiedbarkeit) wichtig. Dies wird durch einen niedrigen Kohlenstoffgehalt des Stahles erreicht.

Allerdings – je höher der Kohlenstoffgehalt ist, desto niedriger ist die Schmiedetemperatur. Ab einem Kohlenstoffgehalt von 0,4 % kann durch rasche Abkühlung die Härte erhöht werden (Abschreckhärten). Gleichzeitig nimmt die Schweißbarkeit ab. Bei höheren Kohlenstoffgehalten als 0,4 % müssen die zu schweißenden Werkstücke vorgewärmt werden, da sonst die Haltbarkeit der Schweißnaht abnimmt.

Außerdem ist zu beachten, dass es beim Schmieden von härtbaren Stählen durch rasche Abkühlung zu einer ungewollten Härtung kommt. Nachträgliche Richtarbeiten sind dann kaum möglich, da durch die Härte die Dehnbarkeit stark abnimmt, sodass es zum Bruch kommen kann.

In manchen Büchern wird empfohlen, Alteisen von alten bäuerlichen Geräten für Schmiedearbeiten zu verwenden, da diese besonders gut schmiedbar seien. Dagegen ist auch nichts einzuwenden, die Methode ist kostengünstig, aber zeitaufwändig. Meistens ist es auch schwierig, die geeigneten Abmessungen zu finden. Natürlich ist das Schmieden ein Formgebungsvorgang, bei dem zum Beispiel durch Umschmieden ein Flachstahl zu einem Quadratstahl umgearbeitet werden kann, was bei spanabhebenden Bearbeitungsverfahren nicht möglich ist. Weiters wird so genannter Puddelstahl empfohlen, das ist ein Stahl, der nach einer historischen Methode, dem Puddelverfahren, hergestellt worden ist. Wenn man alte Werkstücke, wie Messer und Klingen, wirklichkeitsgetreu nachbauen möchte, kann man diese Werkstoffe verwenden. Sonst ist auf alle Fälle industriell hergestellter Stahl zu empfehlen, da die Qualität vor allem in Bezug auf Reinheit und Konstanz der angegebenen Werkstoffeigenschaften hervorragend ist. Die für das Schmieden von Zier- und Kunstgegenständen benötigten Stahlqualitäten können als so genannte Stabstähle, das sind Stangen in Längen bis zu 6 m, im Stahlhandel oder auch bei Stahl verarbeitenden Gewerbebetrieben gekauft werden. Für Schmiedearbeiten werden meistens Rundstähle, Flachstähle und Quadratstähle verwendet. Fallweise wird auch Blech benötigt.

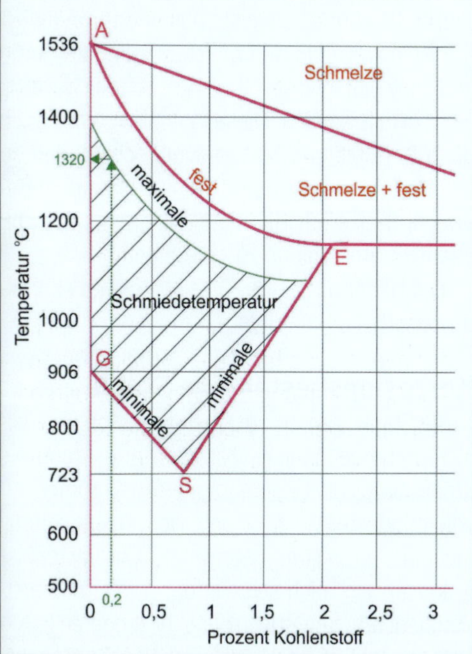

Ausschnitt und vereinfachte Darstellung aus dem Eisen-Kohlenstoff-Diagramm. Maximale und minimale Schmiedetemperatur für Stahl mit unterschiedlichem Kohlenstoffgehalt. Die angegebene minimale Schmiedetemperatur bezieht sich auf die Warmformgebung. Es kann auch bei niedrigeren Temperaturen geschmiedet werden, man spricht dann vom Kaltschmieden. Grün eingezeichnetes Beispiel: Bei 0,2 % Kohlenstoffgehalt ergibt sich eine maximale Schmiedetemperatur von 1.320 °C. Der schraffierte Bereich kennzeichnet den für das Schmieden günstigen Temperaturbereich in Abhängigkeit vom Kohlenstoffgehalt.

Bis zu einem Kohlenstoffgehalt von höchstens 1,5 % kann Stahl noch gut geschmiedet werden, bei höheren Kohlenstoffgehalten wird der Stahl beim Schmieden spröde. Es sind tausende verschiedene Stähle in Verwendung. Die Stahl erzeugenden Firmen geben auch unterstützende Beratung, welcher Stahl für welchen Zweck verwendet werden kann.

Beim Erwärmen bzw. beim Abkühlen von Stahl treten, vereinfacht ausgedrückt, Veränderungen im Stahlaufbau auf. Der Kohlenstoff zwischen den Eisenatomen verändert seine Position, dies kann bei entsprechender Probenvorbereitung im Mikroskop beobachtet werden. Man spricht beispielsweise von grobem oder feinem Gefüge (= Kristallgemisch). Im Eisen-Kohlenstoff-Diagramm (EKD), welches den Zusammenhang von Kohlenstoffgehalt und Temperatur beschreibt, werden diese Veränderungen grafisch dargestellt. Es ist auch zu erkennen, dass mit Zunahme des Kohlenstoffgehaltes die Schmelztemperatur abnimmt und ein Schmelzbereich mit Schmelze und Metallkristallen besteht. Bei einem Kohlenstoffgehalt von 4,3 % gibt es wieder einen Schmelzpunkt bei 1.150 °C, was den Niedrigstwert der Verbindung Eisen-Kohlenstoff darstellt. Die Schmiedetemperaturen liegen im Bereich innerhalb der Linien A-E-S-G-A, wobei die höchsten Schmiedetemperaturen etwa 100 °C bis 150 °C unterhalb der Linie A–E liegen sollen. Beispiele: Baustahl mit 0,2 % Kohlenstoff hat einen Schmiedetemperaturbereich von etwa 850 °C bis 1.320 °C, häufig verwendeter Werkzeugstahl mit einem Kohlenstoffgehalt v on 0,5 % hat bei 1.240 °C eine günstige Schmiedetemperatur. Reineisen schmilzt bei 1.536 °C, die Schmiedetemperatur sollte daher etwa 1.400 °C betragen. In der Praxis sind Schmiedetemperaturen unter 900 °C nicht üblich.

Stahlsortenbestimmung

Da Stahl neben dem Kohlenstoff noch viele Legierungselemente in den verschiedensten Kombinationen enthalten kann, gibt es nahezu unbegrenzt viele unterschiedliche Stähle, die sich in ihren Eigenschaften oft nur wenig unterscheiden. Um eine praktisch verwendbare Übersicht zu bekommen, werden Einteilungen nach verschiedenen Kriterien vorgenommen, wie z. B. nach dem Einsatzgebiet, in Baustähle, Kaltarbeitsstähle, Warmarbeitsstähle u. a., oder nach der Wärmebehandlung, in Einsatzstähle (Randschichten werden mit Kohlenstoff angereichert, dadurch werden nicht härtbare Stähle in den Randschichten härtbar), Vergütungsstähle u. a. Alle Legierungsbestandteile können theoretisch mit metallografischen Verfahren genau ermittelt werden, stehen aber im Regelfall nicht zur Verfügung.

Der Reiz des Schmiedens liegt oft darin, ein gebrauchtes Metallteil oder ein Abfallstück durch Schmieden einer weiteren Verwendung zuzuführen. Geht es nur um die Herstellung von Ziergegenständen, so kann man durch Erwärmen und einige Hammerschläge sowie Biegen des Werkstückes feststellen, ob es sich gut schmieden lässt. Möchte man jedoch Werkzeuge herstellen, so muss auch eine Wärmebehandlung, wie z. B. Härten, möglich sein. Dazu sollte man schon vorher abschätzen können, um welche Stahlsorte es sich dabei handelt.

Schleiffunkenprobe

Eine einfache, aber nur grobe Abschätzung ist durch die so genannte Schleiffunkenprobe möglich. Jede Stahlsorte hat beim Schleifen eine bestimmte Form des Funkenstrahles und eine bestimmte Form der Funken. Am besten führt man diesen Versuch an einem Schleifbock oder mit Hilfe eines Winkelschleifers durch, wobei sich ein dunkler Raum oder ein dunkler Hintergrund als günstig erweist. Das Verfahren liefert nur Richtwerte, in den meisten Fällen kann die in dieses einfache Verfahren gesetzte Erwartung nicht erfüllt werden. Dieses Verfahren wird auch dazu benutzt, um Materialverwechslungen zu vermeiden. Man muss sich einige Übung im Beobachten der Schleiffunken aneignen, um signifikante Unterschiede zu erkennen.

Die Bilder auf Seite 23 zeigen einige charakteristische Funkenbilder.

Korrosionsbeständige Stähle

Diese Stähle werden umgangssprachlich auch als nichtrostende Stähle (Nirosta) oder rostfreie Stähle bezeichnet. Sie haben einen Chromgehalt von mindestens 12 % und werden manchmal auch als Chromstahl bezeichnet. Chromstahl ist grundsätzlich auch schmiedbar, wird für Kunstschmiedearbeiten jedoch nur in besonderen Fällen verwendet. Für die Herstellung von Gebrauchsgegenständen, wie z. B. Messer, ist dieser Stahl oft interessant. Der hohe Chromgehalt vermindert die Härtbarkeit wesentlich, es muss daher der Kohlenstoffgehalt deutlich erhöht werden (bis zu 2 %), um auf eine hohe Härte zu kommen.

> Unter Metallurgen gilt die Regel – Chrom frisst den Kohlenstoff auf! Will man höchstmögliche Härte erreichen (Härte ist der Widerstand gegen das Eindringen eines anderen Körpers), sind reine Kohlenstoffstähle zu bevorzugen.

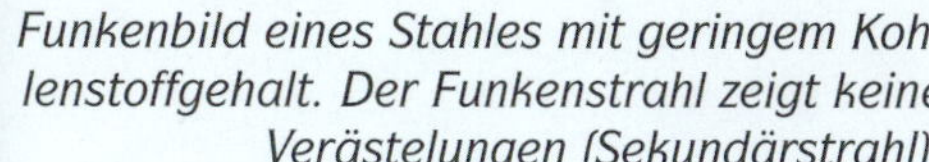

Funkenbild eines Stahles mit geringem Kohlenstoffgehalt. Der Funkenstrahl zeigt keine Verästelungen (Sekundärstrahl).

Unlegierter Werkzeugstahl mit etwa 0,4 % Kohlenstoff. Der höhere Kohlenstoffgehalt zeigt sich in Verästelungen der einzelnen Strahlen und in den vermehrten „Sternchen". Dieser Stahl ist härtbar und könnte z. B. für die Herstellung eines Messers verwendet werden.

Funkenbild eines Schnellarbeitsstahles mit hohem Anteil an Chrom, Wolfram, Molybdän und Kobalt. Das Funkenbild ist dunkelrot und hat kaum Verästelungen. Leicht von anderen Stahlsorten zu unterscheiden.

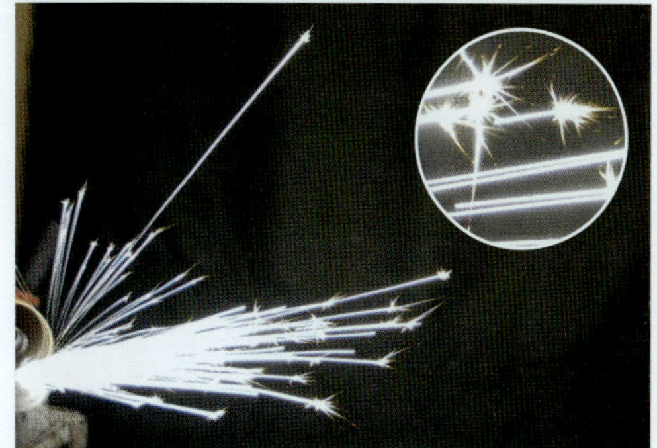

Funkenbild von Titan. Sehr heller kurzer Strahl. Am Ende des Funkenstrahls ausgeprägte Sternchen

Messer aus Damaszenerstahl (li.). Messer aus einer feuerverschweißten Motorsägenkette (re.). Treibglieder und Schneidezähne sind aus unterschiedlichen Stahlsorten und ergeben dadurch diese fleckige Struktur.

Damaszenerstahl

Darunter versteht man einen Werkstoff, der aus verschiedenen Stahlsorten (weich/hart) besteht. Diese Werkstoffe werden in mehreren Schichten übereinander feuerverschweißt und dann geschmiedet. Dadurch ergeben sich sehr schöne strukturierte Oberflächen, deren Effekt durch Polieren und Ätzen noch verstärkt werden können. Die Verbindung von weichem Stahl und hartem Stahl ergibt gute Schneidhaltigkeit bei hoher Elastizität. Es gibt viele Methoden der Damaszenerstahlherstellung mit Stahlbezeichnungen, die sich oft an Orten orientieren, in denen das jeweilige Verfahren entwickelt wurde. Bekannt sind vor allem Schwerter (Samuraischwerter oder Schwerter aus Kleinasien), die aus Damaszenerstahl hergestellt wurden. Weniger bekannt sind Messer, Gewehrläufe und andere Gegenstände aus Damaszenerstahl. Oft werden billige Nachbildungen angeboten, wo durch Ätzen und Einfärben eine täuschend ähnliche Oberfläche wie beim Damaszenerstahl erzeugt wird. Durch ungenaue Begriffsdefinitionen werden solche negativen Entwicklungen noch begünstigt. In der Fachliteratur ist dort von Damaszenerstahl die Rede, wo mindestens zwei verschiedene Stahlsorten durch Feuerschweißen miteinander verbunden werden. Die Anzahl der unterschiedlichen Stahllagen übereinander trägt entscheidend zum Aussehen des fertigen Werkstückes bei.

Nichteisenmetalle (NE-Metalle)

Diese Metalle werden für technische Teile mit besonderen Anforderungen verwendet.

Kupfer

Kupfer wird gelegentlich bei Teilen von Kunstschmiedearbeiten verwendet. Die Farbe des Kupfers gibt einen schönen Kontrast zum Schwarz des Schmiedeeisens. So werden beispielsweise Rosetten oder Tropftassen von Kerzenleuchtern aus Kupfer hergestellt. Da Kupfer im Anlieferungszustand sehr weich und biegsam ist, kann die Verarbeitung im kalten Zustand erfolgen. Nach mehrmaliger Kaltverformung (Biegen) wird das Kupfer spröde. Durch einen Glühvorgang kann der weiche Ausgangszustand wieder erreicht werden. Kupfer hat einen Schmelzpunkt von 1.084 °C. Die Schmiedetemperatur liegt im Bereich von 600 °C bis 700 °C. Da bei Kupfer die vom Stahl bekannten Glühfarben nicht auftreten, kann die Bestimmung der Temperatur nur durch Messung erfolgen. In der Regel kommt man nach einigen Versuchen mit Erfahrungswerten aus.

Titan

Titan ist der Werkstoff, der bei einer wesentlich niedrigeren Dichte als Stahl Festigkeitswerte wie Stahl aufweist. Vergleichsweise hat Aluminium etwa nur ein Drittel der Dichte von Stahl, die Festigkeitswerte erreichen aber auch nur etwa ein Drittel der Festigkeitswerte von Stahl. Titan ist daher für das Schmieden von Werkzeugen mit geringem Gewicht gut geeignet.

Der Schmelzpunkt ist mit 1.668 °C höher als der von Eisen und Stahl. Die Dichte beträgt etwa 60 % des Wertes von Stahl. Nachteilig ist der hohe Preis von Titan und Titanlegierungen. Außerdem ist die Verfügbarkeit verschiedener Dimensionen wesentlich geringer als bei Stahl. Die Verwendung zum Schmieden ist daher eher auf Liebhaber dieses Werkstoffes beschränkt.

Silber

Silber ist auch weich und gut formbar (wird oft als duktil bezeichnet). Es schmilzt bereits bei 962 °C. Es wird jedoch aufgrund der guten

Beispiel einer Kupferarbeit. Kupfer kann im Ausgangszustand gut kaltverformt werden und verfestigt sich dabei allmählich. Dieser Vorgang wird durch Weichglühen wieder rückgängig gemacht. Der im Bild dargestellte Armreifen ist eine Arbeit mit Treibwerkzeugen. (links) Armreifen aus Silber. (rechts)

(Fachoberlehrer Hannes Putzgruber, Höhere Technische Bundeslehranstalt Kapfenberg).

Umformbarkeit bei Raumtemperatur im kalten Zustand verarbeitet. Wegen des hohen Preises wird es ausschließlich für Schmuckgegenstände verwendet. Häufig werden auch Silberlegierungen verarbeitet.

Gold

Das edelste unter den Metallen hat gleichzeitig auch die höchste Dichte der Metalle (etwa 2,5 Mal der Dichte von Eisen). Dies wirkt sich bei der Preisgestaltung zusätzlich aus, da immer ein bestimmtes Volumen und nicht ein bestimmtes Gewicht erforderlich ist. Es wird bei Raumtemperatur ausschließlich für Schmuck- und Ziergegenstände umgeformt (Goldschmied). Der Schmelzpunkt von Gold liegt bei 1.064 °C.

Die vorangegangenen Ausführungen haben gezeigt, dass das Formgebungsverfahren Schmieden vielfältig einsetzbar ist. Nahezu alle Metalle und Legierungen sind mehr oder wenig gut schmiedbar.

Goldschmiedearbeit an der Einfassung einer Goldmünze

Wärmebehandlung

Die Wärmebehandlung umfasst die Begriffe **Härten**, **Anlassen** und **Glühen.**

Härten

Unter Härte versteht man den Widerstand gegen das Eindringen eines anderen Körpers. Mit dieser fachgerechten Beschreibung kann man unmittelbar wenig anfangen. Vielfach wird das Härten angewandt, um die Schneidhaltigkeit von Werkzeugen zu verbessern bzw. überhaupt erst zu erreichen. Ein Meißel oder ein Metallbohrer würden sofort stumpf werden, wenn sie nicht gehärtet sind. Das Härten von Stählen erfolgt, vereinfacht dargestellt, durch das Erwärmen des Stahles auf hohe Temperaturen (Härtetemperatur) und rasche Abkühlung des Werkstückes. Härtetemperatur und erforderliche Abkühlgeschwindigkeit hängen wesentlich von der Stahlzusammensetzung und den gewünschten Werkstoffeigenschaften ab. Beim Schmieden will man Werkzeuge, wie Meißel, Messer oder auch Äxte, so wärmebehandeln, dass eine gute Schneide möglichst lange erhalten bleibt. Mit der Zunahme der Härte nehmen die Elastizität und die Dehnbarkeit des Werkstoffes ab. Große Härtegrade lassen sich problemlos durch einen hohen Kohlenstoffgehalt erreichen. Gleichzeitig werden sie dadurch sehr spröde (Glashärte), im Extremfall kann das Herunterfallen des Werkstückes von der Werkbank auf den Boden bereits zum Bruch führen. Durch weitere Legierungselemente und entsprechende Abkühlung beim Härten können bessere Ergebnisse erzielt werden. Stähle mit einem Kohlenstoffgehalt von weniger als 0,4 % können nicht gehärtet werden. Durch mehrmaliges Erwärmen im Schmiedefeuer sind Änderungen im Kohlenstoffgehalt des Werkstü-

Arbeitsbereich eines Meißels bei Härtetemperatur. Die Schneide wird erst nach der Wärmebehandlung durch Schleifen fertig gestellt.

Abschrecken des Meißels im Wasserbad. Der Meißel wird nicht vollständig abgeschreckt, ein kleiner Bereich bleibt noch schwach glühend und liefert die Wärme für das Anlassen.

ckes, insbesondere an den Außenschichten, möglich. Die Härtetemperatur hängt vom Kohlenstoffgehalt ab. Sie liegt geringfügig über der minimalen Schmiedetemperatur des Werkstoffes.

Der zu härtende Bereich des Werkstückes wird auf Rotglut erwärmt. Es ist auf eine gute Durchwärmung zu achten, d. h., der Erwärmungsvorgang soll nicht sofort nach dem Erreichen der Rotglut abgebrochen werden. Nach ausreichender Durchwärmung wird das Werkstück durch Eintauchen in kaltes Wasser abgeschreckt. Schwenkbewegungen mit dem Werkstück während der Abkühlung ergeben eine gleichmäßige Abkühlung. Die erzielbare Härte des Werkstückes hängt von der Abkühlgeschwindigkeit ab. Diese nimmt von außen nach innen ab, daher nimmt die Härte auch von außen nach innen ab. Dieser Effekt kommt jedoch nur bei Werkstücken mit großer Wanddicke zum Tragen. Hochlegierte Werkstoffe müssen langsamer abgeschreckt werden, dies kann im Ölbad (Ölhärter) oder mittels eines Luftstroms (Lufthärter) erfolgen.

Anlassen

Darunter versteht man eine dem Härten folgende weitere Wärmebehandlung, bei welcher das bereits gehärtete Werkstück nochmals erwärmt wird. Dabei nimmt die Härte ab und die Zähigkeit im Gegenzug zu. Durch die Höhe der Anlasstemperatur kann das Verhältnis von Härte und Zähigkeit verändert werden. Die richtige Anlasstemperatur kann aus der Farbe des Werkstückes ermittelt werden (Anlassfarben).

Nach dem Härten ist in der Regel die Oberfläche verzundert und behindert den Blick auf das Werkstück. Mit Hilfe eines Schleifsteines oder einer Feile wird die Zunderschicht entfernt. Danach wird die gehärtete Stelle mit einer Gasflamme oder über dem Schmiedefeuer erwärmt, bis die gewünschte Anlassfarbe erreicht ist. Anschließend wird sofort im kalten Wasser abgeschreckt. Durch Schwen-

Die Meißelspitze wird nach dem Abschrecken blank geschliffen. Sobald sich durch die Restwärme die Meißelspitze blau verfärbt, wird vollständig abgeschreckt.

ken des Werkstückes im Wasserbad wird eine gleichmäßige Abkühlung erreicht. Eine sehr einfache Methode ist das Anlassen mit Restwärme. Dabei wird beim Härtevorgang das Werkstück über die zu härtende Stelle hinaus erwärmt und nur das vordere Stück abgeschreckt, sodass ein noch leicht glühendes Teilstück zwischen dem zu härtenden Teil und dem ungehärteten Teil bestehen bleibt. Nach dem Entfernen der Zunderschicht wird nun beobachtet, wie sich die gehärtete Stelle durch die Restwärme im Zwischenstück wieder erwärmt. Hat die anzulassende Stelle die gewünschte Anlassfarbe erreicht, wird abgeschreckt. Durch diese Methode erreicht man, dass die Zähigkeit von der Schneide weg zunimmt.

Während in der industriellen Fertigung die Wärmebehandlung durch Metallurgen exakt geplant und reproduzierbar umgesetzt werden kann, muss der angehende Hobbyschmied eigene Erfahrungen sammeln. Zu niedrige Anlasstemperaturen führen zum Bruch, zu hohe Anlasstemperaturen führen zu einer Deformation der Schneide oder zum Verbiegen der Spitze. Dazwischen liegt die richtige Anlasstemperatur, allerdings nur für eine bestimmte Legierung. Für einen Meißel ist die richtige Anlasstemperatur erreicht, wenn sich die Schneide blau verfärbt.

Glühen

Es gibt verschiedene Arten des Glühens. Es sollen hier nur die für das Schmieden wichtigen Glühverfahren beschrieben werden.

Spannungsarmglühen

Es sollen innere Spannungen (Eigenspannungen), die beispielsweise durch Kaltbiegen, Schweißen oder ungleiche Abkühlung entstehen, beseitigt werden. Innere Spannungen können bereits bei geringen Belastungen zum Bruch führen.

Verfahren

Die Teile werden langsam auf ungefähr 600 °C erwärmt und mehrere Stunden bei dieser Temperatur gehalten. Danach wird langsam und gleichmäßig abgekühlt. Das Verfahren lässt sich nur anwenden, wenn ein geeigneter Ofen zur Verfügung steht.

Normalglühen

Durch mehrmaliges Umformen im kalten oder warmen Zustand treten Gefügeänderungen auf, die sich auf die mechanischen Eigenschaften negativ auswirken können.

Durch Normalglühen wird der „Normalzustand" des Werkstoffes wieder hergestellt. Dieser Vorgang kann immer wieder durchgeführt werden.

Verfahren

Es wird abhängig vom Kohlenstoffgehalt langsam bis etwa 30 °C über die Mindestschmiedetemperatur erwärmt und die Temperatur so lange gehalten, bis das gesamte Werkstück auf gleicher Temperatur ist. Danach wird so langsam abgekühlt, dass keine Aufhärtung erfolgt.

Wärmebehandlungsfehler

***Fehler:** Der Meißel bricht bei Biegebeanspruchung – beim Anlassen mit Restwärme war beim zweiten Abschreckvorgang der Bereich des Bruches noch so hoch erhitzt, dass dieser Bereich wieder aufgehärtet wurde. In diesem Fall müsste der Wärmebehandlungsvorgang mit geringerer Restwärme wiederholt werden. Wird nur ein kleiner Bereich der Spitze auf Härtetemperatur erwärmt und abgeschreckt, kann es im restlichen Bereich des Meißels zu keiner Aufhärtung kommen. Das Anlassen sollte dann entweder mit einer Gasflamme oder mit dem Schmiedefeuer erfolgen.*

Bruch einer Schnecke beim Richten. Für diese Schnecke wurde Rundstahl mit 0,5 % Kohlenstoff verwendet. Aus Unachtsamkeit wurde die Schnecke am Ende des Biegevorganges rasch abgekühlt. Dadurch kam es zu einer Aufhärtung. Da mit der Zunahme der Härte die Dehnbarkeit stark abnimmt, kam es beim Richtvorgang zum Bruch.

Grundausstattung
an Werkzeugen für das Schmieden

Schmiedewerkstätte

Bevor man an die Ausstattung oder die Einrichtung einer Schmiedewerkstätte herangeht, sollten einige grundlegende Dinge geklärt sein. Schmieden ist für viele Menschen eine faszinierende Tätigkeit, die jedoch nicht ganz ohne Emissionen durchführbar ist. Es ist daher auch für Hobbyschmiede ratsam, sich rechtzeitig einen geeigneten Ort zu suchen, wo Lärm- und eventuelle Rauchentwicklung andere Menschen nicht belästigen. Über lokale Bauvorschriften soll man sich auch rechtzeitig informieren, um nicht böse Überraschungen zu erleben. Wird z. B. eine feste Feuerstelle errichtet, so ist auch die Zustimmung des Rauchfangkehrermeisters erforderlich. Selbstgebaute Erwärmungseinrichtungen benötigen eine technische Abnahme, sobald die Baubehörde dafür zuständig ist. Aus diesen Überlegungen lässt sich ableiten, dass es oft günstiger ist, transportable Geräte zu verwenden, beispielsweise eine Feldschmiede oder einen Gasofen, die im Freien aufgestellt werden können.

Erwärmungseinrichtungen

Die klassische, seit Jahrhunderten bewährte Erwärmungseinrichtung ist eine Esse mit Kohle- oder Koksfeuerung. Diese Erwärmungsmethode ist sicher empfehlenswert, es gibt jedoch einige Nachteile: Erstens geht es nicht ohne erhebliche Rauchentwicklung, insbesondere beim Anheizen, und zweitens entwickelt die Schmiedekohle einen typischen Geruch, der für Schmiede einfach zur Arbeit dazugehört, was Anrainer und Umweltbehörden mitunter jedoch anders sehen.

Günstiger ist die Verwendung eines Gasofens mit Propan- oder Erdgasbetrieb, wo zwar ein Abgas – Kohlendioxid und Wasser – entsteht, welches aber nicht sichtbar ist. Die Geruchsbelästigung ist minimal. Für Hobbyschmiede wird es daher günstiger sein, die Schmiedestücke mit Gas zu erwärmen. Gasöfen können kostengünstig über den Fachhandel erworben (siehe Bezugsquellennachweis) oder bei entsprechendem technischen Wissen selbst gebaut werden.

Die Feuerstellen in der Schmiede werden als Essen bezeichnet. In Handwerks- und Gewerbebetrieben werden hauptsächlich Essen mit Erdgasfeuerung oder Kohlefeuerung verwendet.

Über eine Mengenverstellung der Gaszufuhr bei Gasfeuerung und eine Luftmengenverstellung bei Kohlefeuerung kann die Größe und Temperatur des Glutbettes beeinflusst werden.

Feuerstelle einer Esse mit Kohlefeuerung. Die Kohle backt während des Verbrennungsvorganges zusammen. Größere Stücke sollten daher immer wieder zerkleinert werden. Die heißeste Stelle des Feuers ist weißglühend; um eine rasche Erwärmung zu erreichen, muss das Werkstück in diesem Bereich platziert werden. Durch Bewegen des Werkstückes in der Glut sowie das wiederholte Hineinlegen und Herausnehmen des Werkstückes wird die Kohle immer wieder umgeschichtet.

Essen mit Kohlefeuerung

Es kann Schmiedekohle, Schmiedekoks oder Holzkohle verwendet werden. Schmiedekohle ist zerkleinerte Steinkohle mit geringen Größenunterschieden und wenig bis gar keinem Staubanteil (transportbedingt).

> Als Größenangabe ist in Lehrbüchern Folgendes zu finden – nicht kleiner als eine Haselnuss und nicht größer als eine Walnuss. Diese Systematik fand auch Eingang in die Bezeichnung der Lieferformen Nuss I bis Nuss IV.

Schmiedekoks ist zerkleinerter Hüttenkoks und besitzt den Vorteil, dass er fast keinen Schwefel enthält. Der in der Schmiedekohle enthaltene Schwefel kann teilweise in das zu erwärmende Werkstück übergehen und sich dort qualitätsmindernd auswirken (er fördert die Rotbrüchigkeit, d. h., bei Rotglut können Risse im Werkstück entstehen).

Holzkohle ist schwefelfrei, sehr leicht und verbrennt daher sehr rasch. Holzkohle hat eine lange Tradition in der Schmiedetechnik, ist heute jedoch bedeutungslos.

Anheizen und Betrieb

Kohle kann ohne Hilfsmittel nicht zum Brennen gebracht werden. Es empfiehlt sich mit Hife von Anheizwürfeln und Holzspänen in der Esse ein Primärfeuer zu entzünden. Dieser Anheizvorgang kann durch Zuschalten des Gebläses wesentlich beschleunigt werden. Wird das

Anheizen des Kohlefeuers mit Anheizwürfel und Holzspänen. (links) Erkaltete Schlacke aus dem Schmiedefeuer. Der Kreisring entsteht durch die Zuführung der Luft in der Mitte des Feuers. (rechts)

Gebläse zu stark eingestellt, kann das Feuer ausgeblasen werden. Nach und nach wird Kohle auf das Feuer aufgebracht, wobei nicht vollständig verbrannte Kohle, wie sie beim Auslöschen des Feuers übrigbleibt, leichter anbrennt. Wenn die Holzspäne verbrannt sind, kann frische Kohle aufgeschüttet werden. Dabei tritt i. A. eine große Rauchentwicklung durch die Verbrennung von Gasen auf, die bei der Erhitzung der Kohle entweichen. Dabei entsteht auch der für Kohlefeuer typische Geruch, der überall bei Schmieden mit Kohlefeuer anzutreffen ist. Durch den Zuluftschieber kann die zugeführte Luftmenge den Erfordernissen des Schmiedes angepasst werden. Ist kein Werkstück im Feuer, soll die Zuluft abgestellt werden, um nicht unnötig Kohle zu verfeuern. Nach längerer Betriebszeit kann sich im Feuer Schlacke bilden, die in Klumpen zusammenbackt und das Feuer stört. Diese Schlackeklumpen müssen entfernt werden. Dazu eignen sich Feuerhaken gut.

Zum Abstellen des Kohlefeuers ist zuerst das Gebläse abzustellen, dann wird die Kohle aus dem Schmiedeherd herausgeholt und am Rande der Feuerstelle liegen gelassen. Das Feuer erlischt dann rasch, die teilweise verbrannte Kohle kann beim nächsten Aufheizen wieder verwendet werden.

Auslöschen des Schmiedefeuers

Benötigt man das Schmiedefeuer nicht mehr, wird das Zuluftgebläse ausgeschaltet und die noch glühende Kohle aus der Feuerschale herausgeschaufelt und rund um die Feuerschale deponiert. Das Feuer erlischt auf diese Weise sehr rasch und die erkalteten Kohlestücke eignen sich zum Anheizen wieder gut.

Erdgasbetriebene Essen

Im nichtkommerziellen Bereich ist es oft schwierig, geeignete Erwärmungseinrichtungen zu finden. Die traditionelle Erwärmungsmethode ist die Schmiedeesse mit Kohlenfeuer, Rauchabzugshaube und Gebläse. Kennzeichen dieser oft nostalgisch anmutenden Werkstätten sind Ruß und dunkle Wände. In der Literatur findet man auch die Aussage, dass dunkle Schmieden für das Erkennen der richtigen Glühfarben günstig sind. Im Internet finden sich

Zwei erdgasbetriebene Essen mit einem gemeinsamen Rauchgasabzug, Wasserbehälter (1) zum Abkühlen der Werkstücke und für das Abschreckhärten, Amboss (2) in der Nähe des Schmiedefeuers, um die Wege kurz zu halten. (oben)
Erdgasbetriebene Gasesse in der Schmiedewerkstätte der HTBL Kapfenberg. Die gelben Rohre im Hintergrund sind die Gaszuleitung. Der Rauchabzug erfolgt über ein Gebläse. Ein Schürhaken ist für eine gute Feuerführung notwendig. Ein Not-Aus-Schalter (1) in der Nähe eines solchen Gerätes ist Vorschrift. Rauchabzugshaube (2), Feuerstelle mit Keramik-Chips (3), Geräteschrank mit Bedienelementen (4). (links)
Gasesse – Feuerstelle. Die Erwärmung der Werkstücke erfolgt indirekt über Keramik-Chips, das sind Keramikstücke in der Größe von Schmiedekohlenstücken, die mit der Erdgasflamme erhitzt werden. Dadurch wird eine gleichmäßigere Erwärmung der Werkstücke erreicht als bei einer Erhitzung in der direkten Gasflamme. (kleines Bild links)

(Schmiedewerkstätte in der Höheren Technischen Bundeslehranstalt Kapfenberg, Österreich)

viele Bauanleitungen für Schmiedefeuer. Die meisten davon sind völlig unprofessionell und entsprechen nicht einmal elementaren Sicherheitsanforderungen. Ein Nachbau wird daher nicht empfohlen.

Neben den Kohle- bzw. Koksfeuerungen haben sich Gasessen weitgehend durchgesetzt. Für den Privatgebrauch kommen diese Essen aus Kostengründen kaum in Frage.

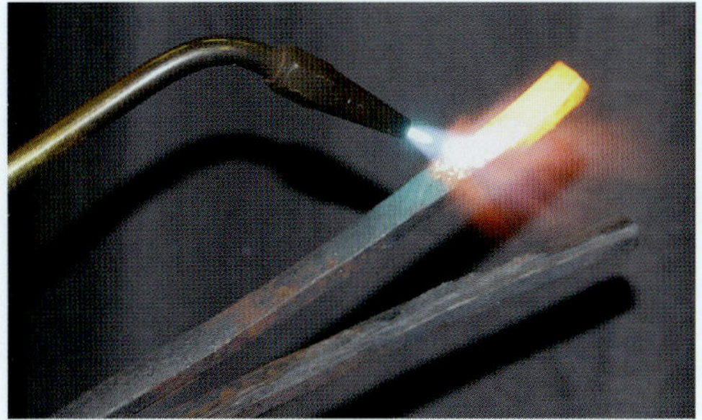

Erwärmen eines Schmiedestückes (Spaltarbeit) mit dem Schweißbrenner. Die Flamme überdeckt in diesem Fall etwa nur die Hälfte der zu erwärmenden Stelle. Es muss daher der Schweißbrenner ständig entlang der zu erwärmenden Stelle hin- und hergeführt werden.

Erwärmung mit dem Schweißbrenner

Falls eine Autogenschweißanlage zur Verfügung steht, ist die Erwärmung auf Schmiedetemperatur mit dem Schweißbrenner möglich. Die Erwärmung kann lokal genau an der zu erwärmenden Stelle erfolgen. Da sehr hohe Temperaturen erreicht werden, kann das Werkstück überhitzt werden. Diese Erwärmungsmethode ist bei kleinen Schmiedestücken sinnvoll, da sich der Gasverbrauch in Grenzen hält.

Gasofen

Gasbetriebene Erwärmungseinrichtungen sind eine gute Alternative zum Kohlefeuer. Stationäre Anlagen werden in der Regel mit Erdgas, mobile Anlagen mit Propangas betrieben. Hier wird der Eigenbau einer Erwärmungseinrichtung mit Propangasfeuerung beschrieben. Der im folgenden Bild dargestellte Gasofen wird von einem Hufschmied verwendet. Er ist im Laderaum eines Pickup-Fahrzeuges schwenkbar befestigt und kann vor Ort ins Freie geschwenkt werden. Das zum Betrieb benötigte Propangas kommt von einer Propangasflasche mit 11 Litern Inhalt.

Gasöfen werden im Fachhandel kostengünstig angeboten und sind sicherlich eine gute und saubere Alternative zur Kohlefeuerung. Man findet aber auch gut funktionierende selbst gebaute Gasöfen. Der Selbstbau darf jedoch nur unter Einhaltung aller Sicherheitsvorschriften und nur von fachlich versierten Personen gewagt werden.

In einem Blechgehäuse mit einer innen liegenden Isolierschicht aus Keramikfasern ist an der Oberseite ein Rohr mit Bohrungen an der Gasaustrittsseite eingebaut. Die Gaszuleitung erfolgt über einen flexiblen Schlauch von der Gasflasche im Hintergrund. Die Abluft entweicht über die Vorderseite des Gasofens ins Freie.

Feldschmiede

Eine so genannte Feldschmiede ist eine transportable Erwärmungseinrichtung. Sie besteht aus einem gusseisernen Herd mit verstellbarer Luftzuführung. Ein Gebläse erzeugt einen Luftstrom, der die Intensität und damit die Temperatur des Schmiedefeuers regelt. Es fehlt die bei stationären Essen übliche Rauchabzugshaube. Der Rauch und die Abgase entweichen unkontrolliert. Die Feldschmiede kann daher nur im Freien verwendet werden.

Gasbrenner und Gasflamme, die seitliche Wärmeisolierung erfolgt mittels hitzebeständiger Keramikfasern oder Schamottesteine. Der selbst gefertigte Brenner ist mit dem Rohr für die Gaszuführung an der Außenseite des Gasofens verschweißt.(oben)

Detail der Gaszuführung an der Oberseite des Gasofens. An den Gas zuführenden Schlauch ist eine Düse mit 0,8 mm Durchmesser angeschraubt. Das Gas strömt von dort über eine freie, im Abstand einstellbare Luftstrecke in ein Rohr mit etwa 20 mm Innendurchmesser. Die Gasströmung reißt die erforderliche Verbrennungsluft mit. Für optimale Verbrennung ist der beste Abstand zwischen Gasaustrittsdüse und Rohr zu finden. (Mitte)

Ein Hufeisen wird im Gasofen auf Schmiedetemperatur erwärmt; Dauer des Erwärmungsvorganges von Raumtemperatur auf Schmiedetemperatur: ca. vier Minuten. (unten)

Feldschmiede im Freien bei einer Schmiedevorführung. Die wichtigsten Hilfsmittel für den Schmied, Amboss und Schmiedeschraubstock, sollen in unmittelbarer Nähe zur Esse aufgestellt werden. Der Grundrahmen der Feldschmiede besteht aus Stahlprofilen, die miteinander verschweißt sind. In der Mitte befindet sich der Feuerkorb aus Gusseisen mit verstellbarer Zuluftführung. Kohlestücke und Asche, die in die Luftführungen fallen, können durch eine Bodenklappe entleert werden. Seitlich ist ein Abschreckbecken angebaut, die Schmiedekohle für den täglichen Bedarf steht in einem Kübel bereit. Ein Frischluftgebläse sorgt für die nötige Verbrennungsluft. Über einen Schieber kann die zugeführte Luftmenge eingestellt werden. Während des Schmiedens wird das Gebläse ausgeschaltet oder die Luftzufuhr wird gedrosselt, um nicht unnötig Schmiedekohle zu verbrauchen. Die Feuerstelle ist mit Schamottesteinen ausgelegt, ebenso sind an drei Seiten der Feuerstelle Schamotteplatten angebracht um die Wärmeverluste möglichst gering zu halten. Durch den angebauten Rauchabzug ist die Feuerstelle vor Witterungseinflüssen geschützt und die Rauchgase belästigen weder Schmied noch Zuseher.

Werkzeuge

Für den Einstieg in das handwerkliche Schmieden hält sich der Aufwand in Grenzen. Mit der Zunahme des handwerklichen Könnens steigt der Bedarf an weiteren Werkzeugen oder Maschinen. Zentrale Bedeutung hat die Erwärmung der Schmiedestücke.

Amboss

Amboss, Hämmer und Zangen sind die wichtigsten Werkzeuge zum Schmieden. Der Amboss darf durch die Schläge der Schmiedehämmer nicht bewegt werden und benötigt daher ein großes Gewicht. Für kleinere Kunstschmiedearbeiten kann mit einem Ambossgewicht von 40 bis 80 kg das Auslangen gefunden werden. Die Bauarten verschiedener Ambosse weisen mit Ausnahme der Gewichtsdifferenzen keine großen Unterschiede auf.

Der Amboss auf dem Bild unten steht auf einem Betonsockel, der mit einem 10 mm dicken Blechmantel eingefasst ist. Dieser Sockel ist größer als der Amboss, dadurch können auch Hämmer und Zangen in unmittelbarer Nähe des Ambosses abgelegt werden. Vielfach werden auch große Hartholzstämme oder verleimte und mit Flacheisen umrandete Harthölzer als Ambossunterlage verwendet. Der Amboss soll in kurzer Entfernung zum Schmiedefeuer aufgestellt sein. Als Richtwert für die Höhe der Ambossbahn kann 750 mm über dem Fußboden angenommen werden. Ein guter Amboss hat einen hellen Klang beim Aufschlag eines Hammers.

Der Amboss besteht aus Stahlguss, die Ambossbahn (Oberseite) ist gehärtet. Die Form des Ambosses ist so beschaffen, dass er verschiedene Schmiedetechniken ermöglicht. Das kegelige Horn wird für das Biegen verschiedener Radien verwendet. Eine quadratische Bohrung auf der Ambossbahn ermöglicht die Aufnahme verschiedener Ambossaufsätze.

Für gelegentliche Schmiedearbeiten lohnt sich die Anschaffung eines Ambosses nicht, stattdessen gibt es Behelfslösungen. Eine gängige Methode ist die Verwendung von Eisenbahnschienen. Diese haben in der Regel eine vergütete oder gehärtete Oberfläche und können der Form eines Ambosses nachempfunden werden. In diesem Fall sind der Einfallsreichtum

Amboss mit einem Gewicht von ungefähr 150 kg. Im Vordergrund sind drei Ambossaufsätze für den Amboss, wie z. B. ein kegeliger Dorn, zu sehen.

Eigenanfertigung eines Ambosses aus einer Eisenbahnschiene. Das Spitzhorn (links) und das Flachhorn (rechts) sind besonders lang ausgeführt. Dadurch ist dieser Amboss für Biegearbeiten gut geeignet.

und die Kreativität des angehenden Kunstschmiedes gefragt, wobei stets auf ein möglichst hohes Gewicht des Ambossersatzes geachtet werden soll.

Hämmer

Neben dem Amboss sind Hämmer das Markenzeichen der Schmiede; in der handwerklichen Praxis ist eine Vielzahl unterschiedlicher Hämmer in Verwendung.

Der Universalhammer ist der so genannte Handhammer mit einem Gewicht von 1–2 kg. Er ist aus Werkzeugstahl gefertigt und gehärtet. Die Hammerbahn ist ballig geformt, die Finne hat eine schmale, halbrunde Form und dient zum Strecken von Werkstücken. Der Hammerstiel aus Hartholz ist fest mit dem Hammer verkeilt. Die so genannten Hilfshämmer, wie Schlichthammer, Treibhammer, Setzhammer u. a., werden auf das Werkstück aufgesetzt und erhalten ihre Schlagenergie durch einen Vorschlaghammer. Hilfshämmer haben den Stiel lose am Hammer befestigt, damit die Schlagenergie nicht auf den Hammerstiel übertragen wird. Damit wird verhindert, dass Schwingungen (Prellungen) durch den Schlag mit dem Vorschlaghammer auf die Hand des Schmiedes übertragen werden.

Man kann eine Zuordnung der Schmiedehämmer nach folgender Übersicht vornehmen:

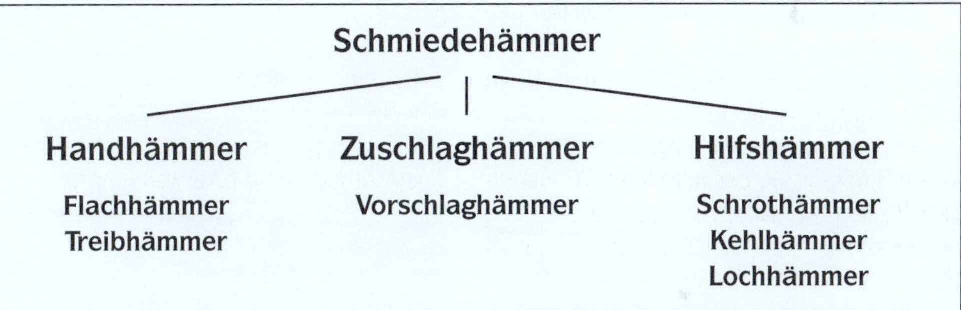

Beispiele für oft verwendete Hämmer: Setzhammer, Schlichthammer, Kehlhammer und Lochhammer (von links nach rechts).

Vorschlaghammer (links) und Kreuzschlaghammer (rechts) mit etwa 8 kg Gewicht. Der Kreuzschlaghammer hat seine Finne in Richtung des Hammerstieles.

Druckluftbetriebener Schmiedehammer, ein so genannter Lufthammer.

Beispiele für verschiedene Schmiedezangen. Quadratmaulzange zum Halten von Werkstücken mit Quadratquerschnitten (oben). Kastenzange zum Halten von größeren rechteckigen Querschnitten (unten).

Häufig verwendete Schmiedezange mit V-förmigem Maul. Dadurch können Rundstücke längs und quer gut gehalten werden.

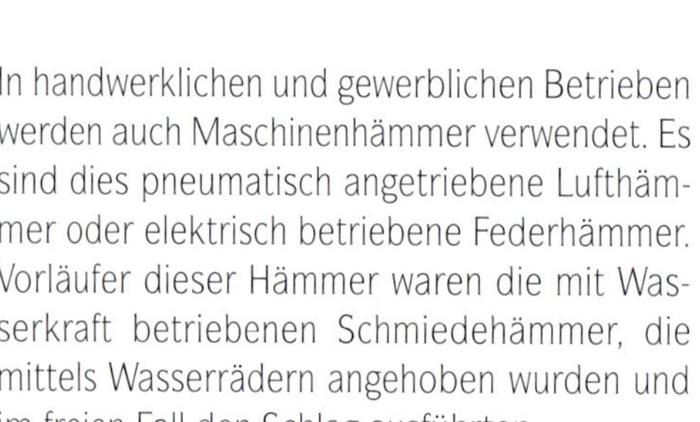

In handwerklichen und gewerblichen Betrieben werden auch Maschinenhämmer verwendet. Es sind dies pneumatisch angetriebene Lufthämmer oder elektrisch betriebene Federhämmer. Vorläufer dieser Hämmer waren die mit Wasserkraft betriebenen Schmiedehämmer, die mittels Wasserrädern angehoben wurden und im freien Fall den Schlag ausführten.

Zangen

Verfahrensbedingt sind die Schmiedestücke während der Verarbeitung sehr heiß; um sich vor Verbrennungen zu schützen, ist es daher empfehlenswert, Schutzhandschuhe zu tragen. Wird mit einer langen Stange gearbeitet, dann kann man diese in den meisten Fällen an ihrem kalten Ende festhalten. Dies bietet auch den Vorteil einer sicheren Handhabung. Kurze und kleine Werkstücke werden als Ganzes auf Schmiedetemperatur gebracht und müssen mit Zangen gehalten werden. Es gibt wie bei den Hämmern eine Vielzahl von Zangenformen. Für den Anfang empfiehlt es sich, eine mehrfach verwendbare Zange im Fachhandel zu kaufen. Mit einiger Übung können Schmiedezangen auch selbst hergestellt werden.

Schraubstock

Viele Arbeiten erfordern das feste Einspannen an einer Stelle. Dazu wird in der Schmiede der so genannte Schmiedeschraubstock, auch Flaschenschraubstock genannt, verwendet. Dieser

Schmiedeschraubstock: feste Backe (1), bewegliche Backe (2), Spindelgehäuse mit Verdrehsicherung (3), Spindel (4), Spreizfeder, drückt die Schraubstockbacken auseinander (5), Blechkasten mit Betonfüllung (6).

ist aus Stahl geschmiedet und kann daher Hammerschläge sowie Erschütterungen gut aushalten. Er besitzt zur Aufnahme von großen Kräften noch einen zusätzlichen Fuß. Spindel und Backe sind wie bei herkömmlichen Schraubstöcken nicht fix miteinander verbunden. Die Spindelmutter sitzt lose in der festen Backe und ist nur gegen Verdrehung gesichert. Eine Feder hält die bewegliche Backe stets in der gerade eingestellten Stellung. Die Spindel ist in der feststehenden Backe beweglich gelagert.

Spalt- und Trennwerkzeuge

Für diese Aufgabe werden meißelförmige Werkzeuge verwendet. Für das Trennen im glühenden Zustand werden so genannte Abschrotwerkzeuge, z. B. Hämmer mit Schneide, verwendet. Neben den Abschrotwerkzeugen für das Trennen von glühenden Werkstücken werden für kleine Werkstücke auch Handwerkzeuge verwendet. Es sind dies vor allem verschieden geformte Meißel für das Spalten von Zierstäben. Die Schneide des Meißels wird der Form des Zierstabes angepasst, z. B. ein Kreissegment, wenn das Ende eines Zierstabes seitlich spitz auslaufen soll.

Meißel

Selbstgefertigte Meißel können aus unlegierten Werkzeugstählen (Stahl mit einem Kohlenstoffgehalt von mindestens 0,4 %) hergestellt werden. Mit etwas Geschick und Übung kann man sich diese Werkzeuge selbst schmieden. Nachdem die gewünschte Form geschmiedet wurde, stellt man durch Schleifen oder Feilen die endgültige Form her. Danach wird das Werkstück auf Härtetemperatur erwärmt (Rotglut) und im Wasser abgeschreckt. Anschließend wird die Schneide angelassen (damit verliert sie an Sprödigkeit, d. h., sie bricht nicht so leicht aus), wieder abgeschreckt und schließlich angeschliffen. Beim Spalten wird nach jedem Hammerschlag der Meißel abgehoben, damit er nicht zu hoch erwärmt wird. Zwischenzeitlich kann der Meißel im kalten Wasser abgekühlt werden.

Für Hobbyschmiede ist es oft schwierig, entsprechende Stähle in geeigneten Dimensionen zu beschaffen.

Es gibt hier einige einfache Methoden: Man nimmt einen herkömmlichen Meißel und schmiedet ihn in die gewünschte Form oder man nimmt eine alte Feile und macht daraus einen Meißel. Auf alle Fälle ist es wichtig, die Werkstücke vollständig auf Rotglut zu erwärmen, damit sie ihre Härte verlieren (weichglühen) und gut bearbeitbar sind.

Das Ende dieses Zierstabes wurde mit einem Meißel, dessen Schneidengeometrie der Form des gespalteten Zierstabes entspricht, gespaltet.

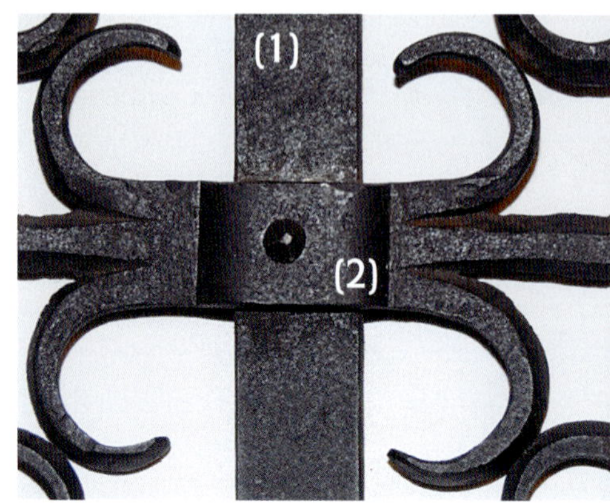

Kröpfung eines Zierstabes: beide Stäbe sind miteinander vernietet: ungekröpfter Stab (1), gekröpfter Stab (2).

Verschiedene Ausführungsformen von Spaltmeißeln: für ein Zierstabende wie im Bild oben dargestellt (1), kreisförmige Schneidenform mit unterschiedlichem Radius (2 & 3), gerade Schneide, jedoch mit gerundeten Schneidenenden, dies ergibt einen schönen auslaufenden Schnitt (4).

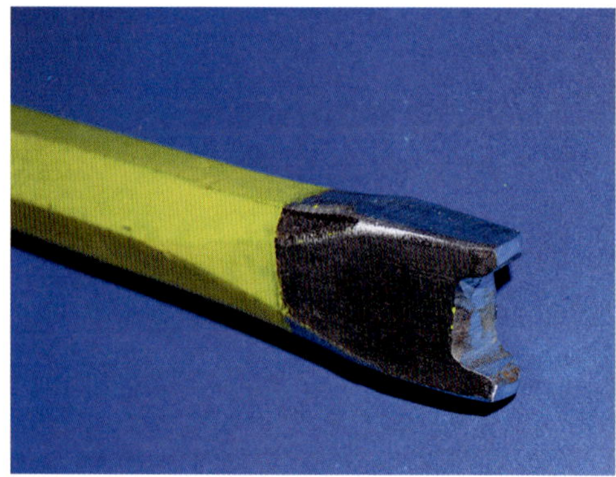

Kröpfwerkzeug, aus einem Sechskantstahl hergestellt. Geschmiedet, gehärtet, angelassen und geschliffen.

Kröpfwerkzeug

Wenn zwei Stäbe sich kreuzen und auf gleicher Ebene liegen, muss ein Stab über den anderen gelegt werden.

Auch für das Kröpfen kann man sich das notwendige Werkzeug selbst herstellen. Die Beanspruchung ist hier nicht so groß wie beim Spalten, dennoch sollte das Kröpfwerkzeug gehärtet werden, damit die Kanten gut halten und bei der Kröpfung eine schöne saubere Linie entsteht.

Die Breite des Mauls des Kröpfwerkzeuges richtet sich nach den sich kreuzenden Stäben. Überschlagsmäßig kann man dafür annehmen: Breite des zu kreuzenden Stabes plus zweifache Dicke des darüberliegenden Stabes.

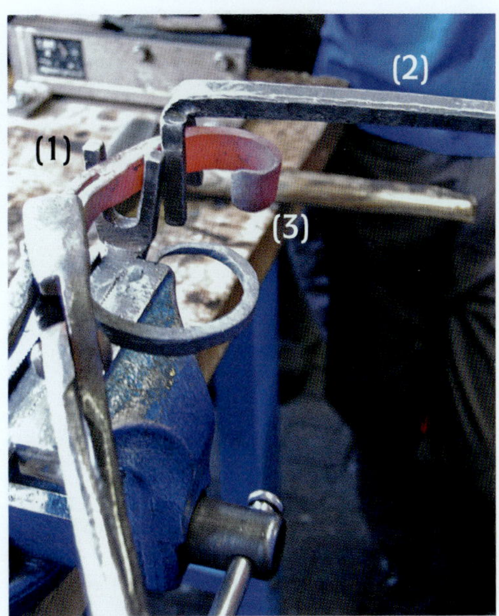

Arbeiten mit der Schmiedegabel. Eine Schmiedegabel ist im Schraubstock eingespannt, mit der zweiten wird gebogen. Das Werkstück wird mit einer Schmiedezange gehalten. Die Schmiedegabeln ermöglichen ein rasches Arbeiten, was im Hinblick auf die Abkühlung des Werkstückes von Vorteil ist. Im Schraubstock eingespannte Biegegabel (1), handbetätigte Biegegabel (2), Werkstück (3).

Biegegabeln/Schmiedegabeln

Zum Biegen ohne Biegevorrichtung und für Richtarbeiten im glühenden Zustand eignen sich Biegegabeln gut. Diese können leicht selbst hergestellt werden, die Genauigkeitsanforderungen sind gering.

Schleifmaschinen

Zur Grundausstattung an Schleifmaschinen gehören Schleifbock und Winkelschleifer.

Schleifbock

Dieser hat zwei Schleifscheiben mit grober und feiner Körnung. Ein großer Schleifscheibendurchmesser ist bei Schrupparbeiten, wo viel Werkstoff abgetragen werden muss, von Vorteil. Mit der feinen Schleifscheibe können Endbearbeitungen durchgeführt werden, da die Schleifriefen eine geringe Tiefe haben. Ebenso können mit dieser Schleifscheibe Schärfarbeiten an den Schmiedewerkzeugen, wie z. B. am Schrothammer oder Kehlhammer, durchgeführt werden.

Maschinen mit rotierenden Teilen sind eine Gefahrenquelle für die damit arbeitenden Personen. Es sind daher die örtlichen Sicherheitsvorschriften einzuhalten. Unabhängig davon ist bei dieser Maschine darauf zu achten, dass der Spalt zwischen Werkstückauflage und Schleifscheibe so gering wie möglich gehalten wird. Bedingt durch die Masse der großen Schleifscheiben ergibt sich eine lange Nachlaufzeit nach dem Ausschalten der Maschine. Bei

Schleifbock für die Schmiedewerkstätte, auf einem stabilen Metallsockel montiert

Elektrischer Winkelschleifer mit 2.200 Watt Antriebsleistung und Trennscheibe mit 230 mm Durchmesser und 3,2 mm Dicke

Einhandwinkelschleifer für Scheiben bis 125 mm Durchmesser: ausgestattet mit Trennscheibe mit 1 mm Dicke, mit Schruppscheibe und mit Fächerscheibe für Schmirgelarbeiten (von links nach rechts).

Schmirgelarbeit an einem Messer mit dem Einhandwinkelschleifer und einer Fächerscheibe

neuen Maschine ist eine Schnellbremsung (kann elektrisch realisiert werden) vorgeschrieben. Das Tragen von Schutzbrillen ist unbedingt notwendig und ein Not-Aus-Schalter sollte in Griffweite angebracht sein.

Winkelschleifer

Neben den stationären Schleifmaschinen werden noch Winkelschleifmaschinen benötigt. In den meisten Fällen sind dies elektrisch betriebene Geräte, es gibt aber auch derartige Maschinen mit Druckluftantrieb.

Es ist empfehlenswert, sich zwei verschieden große Winkelschleifer anzuschaffen. Für Trennschnitte bei größeren Querschnitten und grobe Schrupparbeiten sind Maschinen mit Trenn- oder Schruppscheibendurchmesser von 230 mm gut geeignet. Diese Maschinen erfordern eine Zweihandbedienung.

Für feinere Arbeiten sind so genannte Einhandwinkelschleifer mit einem Scheibendurchmesser von 125 mm in Verwendung. Für diese Maschinen gibt es auch Trennscheiben mit nur 1 mm Dicke, die sehr feine Schnitte erlauben. Dadurch kann oft eine aufwändige Spaltarbeit vermieden werden. Außerdem gibt es noch Fächerscheiben aus Schleifpapier zum Schmirgeln der Schmiedestücke. Diamantbesetzte Schleifscheiben sind für Metall nicht geeignet, sondern werden für Stein und Mauerwerk verwendet.

Drahtbürsten

Zur Entfernung von Zunder und Schmutz können Drahtbürsten aus Stahldraht verwendet werden. Diese gibt es als Handbürsten oder zur Einspannung in eine Bohrmaschine als Scheiben- oder Topfbürste mit verschiedenen Durchmessern. Mit Drahtbürsten aus Messing oder Kupfer können auf den Schmiedestücken unterschiedliche Oberflächeneffekte erzielt werden, da Spuren von Messing oder Kupfer an der Oberfläche haften bleiben.

Loch- und Gesenkplatte

Die Loch- und Gesenkplatte ist eine dicke Stahlplatte mit kreisrunden und quadratischen Durchbrüchen zum Lochen und Stauchen. An den Seiten der Loch- und Gesenkplatte befinden sich halbkreisförmige Aussparungen mit verschieden großen Radien bzw. verschieden große trapezförmige Aussparungen zum Biegen von Schmiedestücken.

Abschreckbecken mit kaltem Wasser

Für die Abkühlung von heißen Werkstücken und das Abschreckhärten ist ein Kaltwasserbehälter erforderlich. Die Größe sollte so bemessen sein, dass durch das Eintauchen des Werkstückes das Wasser nicht erheblich erwärmt wird. Es wird darauf hingewiesen, dass die spezifische Wärmekapazität des Wassers etwa zehnmal so groß ist wie die des Stahles. Das bedeutet: Um 1 kg Wasser um 1 °C zu erwärmen, benötigt man die zehnfache Energie, die für die Erwärmung von 1 kg Stahl um 1 °C benötigt wird.

Ablage für Rohmaterial

Eine geordnete Materialwirtschaft ist unbedingt anzustreben. Vor allem eine Markierung der Stahlsorten (Werkzeugstähle) ist günstig, damit Verwechslungen vermieden werden können.

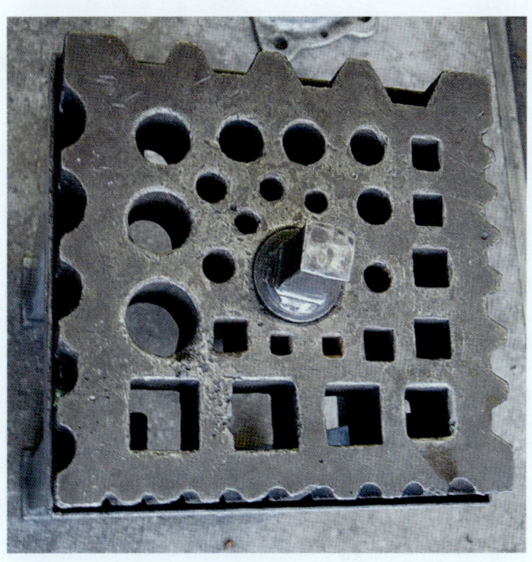

Loch- und Gesenkplatte

Erste Schritte
Die wichtigsten Schmiedetechniken

In diesem Kapitel werden die am häufigsten angewandten Schmiedetechniken beschrieben und dargestellt. Damit kann der Großteil der anfallenden Schmiedearbeiten abgedeckt werden.

Grundsätzlich gilt: Beim Schmieden bleibt das Volumen des Werkstückes konstant. Wird durch die Hammerschläge das Werkstück dünner, so muss aus Gründen des gleichbleibenden Volumens Länge und Breite des Werkstückes zunehmen. Es liegt im Geschick des Schmiedes, die Bearbeitung so zu führen, dass die gewünschte Längen- und Breitenzunahme erzielt wird. Beispiel: aus einem Rundstahl wird eine Zange geschmiedet.

Die meisten Schmiedearbeiten lassen sich durch die nachfolgend angeführten Arbeitsgänge, wie Stauchen, Strecken, Breiten, Absetzen, Kehlen, Trennen, Spalten, Biegen und Verdrehen, beschreiben.

Stauchen

Dabei wird der Querschnitt vergrößert und die Länge verkleinert (das Volumen bleibt konstant). Anwendungsbeispiel: Herstellung eines Nagelkopfes aus einem dünneren Rundstahl.

Es ist darauf zu achten, dass nur jener Bereich, der gestaucht werden soll, erwärmt wird.

Strecken

Beim Strecken kommt es zu einer Verringerung des Querschnittes bei Zunahme der Länge. Zwangsläufig ergibt sich auch eine Zunahme der

Stauchen eines Nagelkopfes aus einem Rundstahl

Strecken mit dem Kehlhammer: aus einem Rundstahl wird ein Flachstahl geschmiedet – Länge und Breite nehmen dabei zu.

Breite, die durch Stauchen wieder auf den gewünschten Querschnitt gebracht wird. Der Streckvorgang kann mit der Hammerbahn oder mit der Hammerfinne durchgeführt werden.

Breiten

Breiten ist ein Streckvorgang in Breitenrichtung. Bei vielen Werkstücken sind die Arbeitsschritte Strecken und Breiten abwechselnd durchzuführen.

Absetzen

Unter Absetzen versteht man die einseitige Verringerung des Werkstückquerschnittes; dabei entsteht ein stufenartiger Absatz. Beispiel: Der Schaft eines handgeschmiedeten Nagels wird abgesetzt und auf einen dünneren Querschnitt gebracht (siehe Abb. S. 48).

Kehlen

Bei Kunstschmiedearbeiten hat das Kehlen einen gestaltenden Charakter. Es werden spitze oder halbrunde Vertiefungen (Rillen) in das Werkstück eingebracht. Um die Kehle möglichst genau an die gewünschte Stelle zu setzen, wird die zu kehlende Stelle im kalten Zustand angezeichnet und mit einem Meißel leicht eingeschlagen. Es ist günstig, das Werkstück nur bis zur Rotglut zu erhitzen, da es bei höherer Temperatur mehr verzundert. Mit Hilfe eines Kehlmeißels oder Kehlhammers, das sind die Werkzeuge mit spitzen oder gerundeten

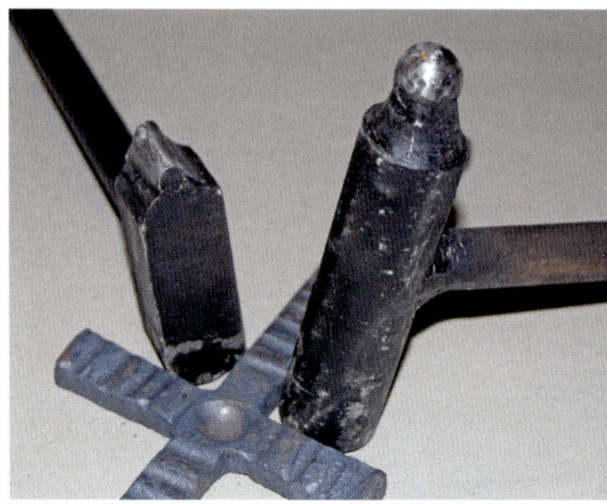

Absetzen des Schaftes für einen Nagel (links). Kehlen eines Kreuzes mit einem selbst gefertigten Kehlhammer. An einen Quader aus Stahl wurde ein Rundstahl angeschweißt. Als Hammerstiel wurde ein Rohr angeschweißt. Ebenso ist der Hammer für die kugelförmige Vertiefung in der Mitte des Kreuzes ausgeführt. Die Kugel stammt aus einem zerlegten Kugellager. (rechts)

Arbeitsflächen, wird die Kehle ausgeführt. Bei der Arbeit mit dem Kehlhammer ist eine zweite Person, ein Zuschläger, erforderlich, der mit dem Vorschlaghammer auf den auf das Werkstück aufgesetzten Kehlhammer die erforderlichen Schläge ausführt, um die gewünschte Kehltiefe zu erreichen. Nach jedem Schlag wird der Kehlhammer um die halbe Länge des Kehlhammers weitergeführt. Bei der Arbeit mit einem Kehlmeißel kann alleine gearbeitet werden, allerdings muss das Werkstück in seiner Lage fixiert werden.

Trennen

Beim Schmieden können alle bekannten Trennverfahren für Metalle angewandt werden. Häufig werden Schrothämmer, Hebelscheren, Trennschleifmaschinen, Metallsägen und Brennschneidgeräte verwendet. Ein häufiger spanloser Trennvorgang beim Schmieden ist das Abschroten. Dabei wird i. A. mit Hämmern gearbeitet, deren Finne meißelförmig ausgebildet ist. Als Gegenstück dient ein so genannter Ambossschroter, das ist ein keilförmiges Stahlstück mit Schneide, welches in die Vierkantbohrung des Ambosses eingesetzt wird. Die zu trennende Stelle wird vor der Erwärmung leicht eingekerbt und dann auf Schmiedetemperatur gebracht. Nun wird das Werkstück an der zu trennenden Stelle auf den Ambossschroter gehalten und genau darüber der Schrothammer angesetzt. Eine zweite Person schlägt mit einem Vorschlaghammer auf den Schrothammer, der nun das Werkstück zu trennen beginnt. Nach jedem Schlag wird das Werkstück ein Stück gewendet, sodass die Trennung über den Umfang gleichförmig erfolgt. Meistens wird nicht vollständig getrennt, sondern ein kleiner Querschnitt bleibt stehen. Nach dem Erkalten wird das Werkstück abgebrochen; das hat den Vorteil, dass keine glühenden Teile auf den Boden

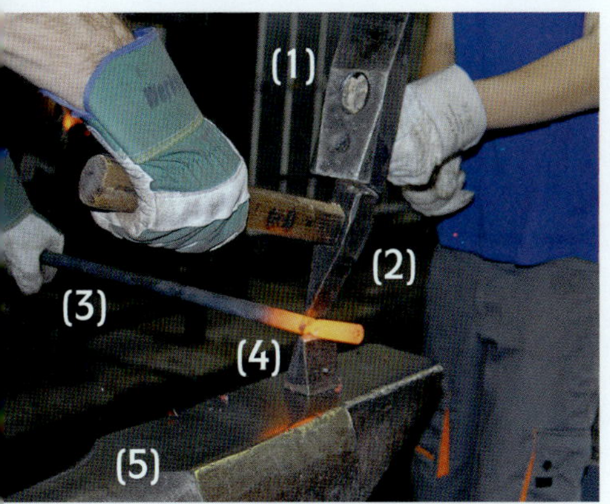

Abschroten eines Rundstahles mit 18 mm Durchmesser, Beginn des Schrotvorganges: Vorschlaghammer (1), Schrothammer (2), Werkstück (3), Ambossschroter (4), Amboss (5)

Ende des Abschrotvorganges. Das Werkstück ist fast abgetrennt. Die vollständige Abtrennung erfolgt im kalten Zustand von Hand.

fallen. Es ist auch möglich, ohne Ambossschroter zu schroten. Dabei wird das Werkstück auf eine nicht gehärtete Unterlage auf den Amboss gelegt, der Schrothammer an die zu trennende Stelle gesetzt und mittels Vorschlaghammer wird das Werkstück (von einer zweiten Person) getrennt. Die Trennfläche muss nachbearbeitet werden. Der Schrothammer kann auch zum Aufspalten von Werkstücken verwendet werden.

Es kann im kalten und warmen Zustand geschrotet werden.

Spalten

Beim Spalten wird ein Werkstück in der Mitte in Längsrichtung teilweise oder vollständig durchtrennt (vgl. Holz spalten). Es kann aber auch in mehrere Stücke getrennt werden. Obwohl es technologisch einfachere Verfahren für das Auftrennen eines Werkstückes in Längsrichtung gibt (Sägen, Trennschleifen) wird beim Kunstschmieden meistens dieses spanlose Verfahren angewendet. Für das fertige Schmiedestück ist es nicht wesentlich, welches Spaltverfahren (Trennverfahren) angewendet wird. Die folgenden Ausführungen beziehen sich auf das Spalten bei Kunstschmiedearbeiten. Das Werkstück hat dabei Schmiedetemperatur. Als Werkzeuge werden ein Spalthammer und ein Vorschlaghammer oder ein Spaltmeißel und ein Handhammer verwendet.

Arbeitsschritte

Das Werkstück wird auf Schmiedetemperatur erwärmt. Der Spalthammer wird mittig am Ende des Werkstückes angesetzt, während eine zweite Person mit dem Vorschlaghammer auf den Spalthammer schlägt. Dabei wird das Werkstück noch nicht durchtrennt. Nach jedem Schlag rückt man den Spalthammer ein Stück weiter, bis die Spaltlänge erreicht wird. Falls das Werkstück noch glühend ist, kann nach einer

Spalthammer, aus Kaltarbeitsstahl geschmiedet und bogenförmig angeschliffen. Der angeschweißte Metallstiel ist schräg zur Schneide angeordnet. Dadurch kommt die Hand, die den Hammer hält, nicht über das heiße Werkstück zu liegen. Die Schneide des Hammers leidet nicht unter dem relativ kurzen Kontakt mit dem glühenden Werkstück.

Spalten eines Werkstückes mit dem Spalthammer. Der glühende Teil des Werkstückes liegt auf dem Amboss, der Spalthammer ist mittig aufgesetzt und wird mit dem Vorschlaghammer in das Werkstück geschlagen.

Letzter Durchgang des Spaltvorganges. Das Werkstück ist durchtrennt. Die Unterlage verhindert einen Kontakt der Schneide des Spalthammers mit der gehärteten Ambossbahn. Das Werkstück ist durch den Spaltvorgang verbogen und muss gerichtet werden. Die Weiterverarbeitung kann Breiten, Längen, Spitzen und Biegen sein.

Wendung um 180° der Vorgang auf der gegenüberliegenden Seite wiederholt werden, sonst muss wieder erwärmt werden. Der Vorgang wird wiederholt, bis das Werkstück fast durchtrennt ist, dann wird eine ungehärtete Unterlage zwischen Amboss und Werkstück gelegt, damit beim Durchtrennen die Schneide des Spalthammers nicht beschädigt wird. Wie viele Durchgänge und Erwärmungsvorgänge notwendig sind, ist werkstückabhängig. Während der Spaltarbeit verbiegt sich das Werkstück häufig, sodass es ausgerichtet werden muss. Bei kleinen Werkstücken kann auch mit Spaltmeißel und Handhammer gearbeitet werden. Damit ist auch keine zweite Person für die Betätigung des Vorschlaghammers notwendig.

Dieses Werkstück wird z. B. zu einem Kerzenleuchter weiterverarbeitet. Die gespalteten Teile werden ausgespitzt und gebogen.

Spaltarbeit am Mittelteil eines Kerzenleuchters

Biegen

Grundsätzlich wird zwischen Kaltbiegen und Warmbiegen unterschieden. Beim Kaltbiegen sind wesentlich höhere Kräfte als beim Warmbiegen erforderlich. Außerdem federt das Werkstück elastisch zurück, es muss daher um diesen Anteil mehr gebogen werden, was nicht immer ganz einfach ist. Ein weiterer Vorteil des Kaltbiegens ist, dass das Werkstück ohne Zange angefasst werden kann.

In der Schmiede wird vorwiegend warm gebogen. Um eine hohe Wiederholgenauigkeit (Reproduzierbarkeit) bei mehreren gleichen Biegevorgängen oder bei der Herstellung mehrerer gleicher Werkstücke zu erreichen, werden Biegevorrichtungen verwendet. Diese können in den Schraubstock eingespannt werden. Eine Biegegabel ist beim Biegevorgang hilfreich.

Für das Biegen von Winkeln wird entweder die Ambosskante oder der Schmiedeschraubstock verwendet. Das Biegen im Schmiedeschraubstock ist genauer, da das Werkstück eingespannt werden kann und der Schraubstock die Schläge des Hammers leicht verträgt.

Beispiel: Ein Rundstahl wird rechtwinkelig mit möglichst geringem Biegeradius gebogen

Bei kleinen Biegeradien tritt im Bereich der Biegung eine merkliche Querschnittsverformung auf. Die inneren Schichten werden gestaucht, die äußeren Schichten werden gestreckt. Ebenso kann eine Längenänderung auftreten, theoretisch bleibt lediglich die Länge der so genannten neutralen Faser konstant. Die neutrale Faser ist jene gedachte Linie in der Mitte eines z. B. flachen Werkstückes, die weder gestaucht noch gestreckt wird.

Beim abgerundeten Biegen gilt näherungsweise: Biegelänge = Innenlänge der Schenkel plus drei Viertel der Werkstückdicke.

Biegen einer Schnecke im glühenden Zustand über eine Biegevorrichtung

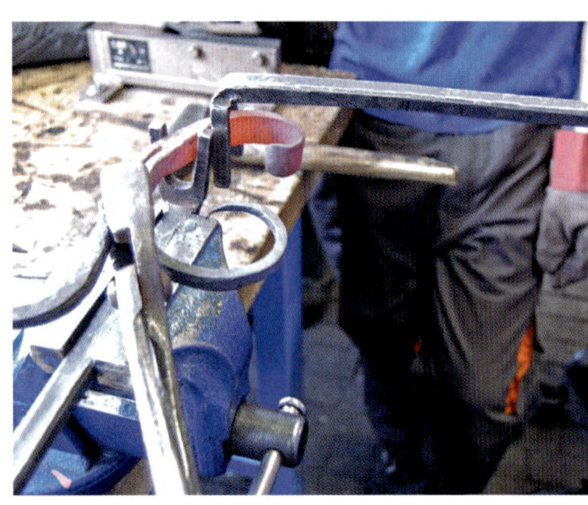

Biegen einer Schnecke mit der Biegegabel

Verdrehungen am Beispiel eines Zirbels und eines geraden Stabes einer Schaufel für einen Kachelofen

Verdrehen eines Winkelstahles. Dies ist eine ungewöhnliche Methode, ergibt jedoch eine ansprechende Optik. Das Ergebnis ist stark von der gleichmäßigen Erwärmung des zu verdrehenden Bereiches abhängig. Beim Verdrehen von Winkelstahl kann das Werkstück durch Ungeschicklichkeit leicht verbogen werden – wie im Bild zu sehen – und muss daher ausgerichtet werden.

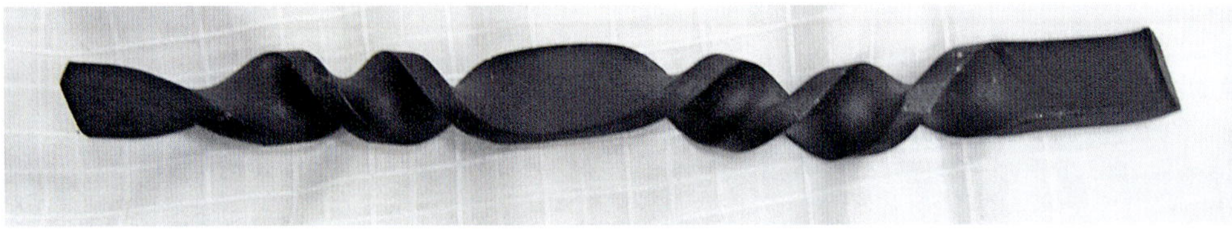

Links-Rechtsverdrehung eines Flachstahles. Diese Art der Verdrehung ist oft bei langen Werkstücken zu finden. Damit wird eine lange Verdrehung optisch aufgelockert.

Schlichten

Für freiformgeschmiedete technische Werkstücke ist die Oberflächengüte oft nicht ausreichend, es gibt teils große Unebenheiten und mit dem freien Auge erkennbare Dickenunterschiede. Mit Hilfe eines Schlichthammers (Zuschläger erforderlich) kann die Qualität der Oberfläche verbessert werden. Bei Kunstschmiedestücken ist es oft sogar wünschenswert, dass an einer nicht gleichmäßigen Oberfläche erkannt werden kann, dass es sich um eine Handarbeit handelt und nicht um ein maschinell hergestelltes Werkstück. Grate und unerwünschte Kanten können im kalten Zustand durch Schleifen, in manchen Fällen auch durch Feilen entfernt werden.

Verdrehen

Beim Verdrehen kann dem Werkstück eine wendelähnliche Form gegeben werden. Der Verdrehvorgang wird mit Zange oder Wendeeisen durchgeführt und erfordert sorgfältige Arbeit, da sonst das Werkstück leicht verbogen werden kann. Mit dieser Methode können relativ einfach und schnell optisch ansprechende Zierstäbe hergestellt werden.

Schweißen

Durch Schweißen können nur gleichartige Werkstoffe miteinander verbunden werden, zum Beispiel Stahl mit Stahl, Aluminium mit Aluminium.

Grundsätzlich ist beim Schweißen zu beachten, dass Stähle nur bis zu einem Kohlenstoffgehalt von 0,4 % schweißbar sind. Bei höheren Kohlenstoffgehalten kommt es durch die Abkühlung an der Umgebungsluft zu einem Aufhärten der Schweißstelle. Geringe Belastungen und Eigenspannungen durch die Abkühlung (die erhitzte Schweißstelle zieht sich beim Abkühlen auf Umgebungstemperatur zusammen) können zum Bruch führen. Will man höher legierte Stähle schweißen, so ist eine Vorwärmung der zu verschweißenden Teile auf mehrere hundert Grad Celsius und eine langsame Abkühlung erforderlich. Je höher der Kohlenstoffgehalt ist, desto höher muss die Vorwärmtemperatur gewählt werden. Durch die Verwendung von Spezialelektroden (chromlegierte Mantelelektroden verringern durch ihren hohen Chromanteil die Wirkung des Kohlenstoffs) kann die Aufhärteneigung verringert werden. In unsicheren Fällen kann in der einschlägigen Fachliteratur oder beim Lieferanten der Schweißzusatzwerkstoffe Rat geholt werden. Bei fachgerechter Durchführung der Schweißverbindung soll diese die Festigkeit des Grundwerkstoffes erreichen.

Feuerschweißen

Die klassische historische Methode des Schweißens ist das so genannte Feuerschweißen. Dabei werden die zu verbindenden Teile bis knapp unter der Schmelztemperatur erwärmt und mit Hilfe von Hammerschlägen fest miteinander verbunden. Stähle sind nur bis zu einem maximalen Kohlenstoffgehalt von 0,3 % feuerschweißbar. Zusatzmittel, die vor der Verbindung auf die Schweißstelle gestreut wer-

Feuerschweißen von Messerteilen: Die zu verbindenden Teile werden mit einem Flussmittel in Pulverform (Borax) übergossen und anschließend hoch erhitzt. (links) Durch kräftige Hammerschläge werden die Werkstücke dann miteinander verschweißt. (rechts)

den, wie z. B. Borax, erleichtern den Schweißvorgang. Das Feuerschweißen hat wirtschaftlich keine Bedeutung mehr und ist eher bei Vorführungen, wie z. B. in Schauschmieden, zu sehen.

Elektrolichtbogenschweißen

Die größte Bedeutung hat das Elektrolichtbogenschweißen. Es hängt von der Ausstattung der Werkstätte ab, ob mit ummantelten Schweißelektroden oder mit Fülldraht unter Schutzgas geschweißt wird. Im Lichtbogen können Temperaturen von über 4.000 °C erreicht werden. Es ist ein einfaches und kostengünstiges Verfahren. Da beim Schmieden von Zier- und Kunstgegenständen keine hoch beanspruchten Verbindungen vorkommen, können auch einfache Schweißtransformatoren, wie sie kostengünstig in Baumärkten erhältlich sind, verwendet werden. Die Schweißverbindungen im sichtbaren Bereich erfordern eine Nachbearbeitung, damit die Schweißstelle optisch nicht erkennbar ist.

Gasschmelzschweißen

In vielen privaten und gewerblichen Werkstätten sind Autogenschweißgeräte vorhanden. Diese erzeugen aus Azetylengas und Sauerstoff eine Flamme mit einer Temperatur von etwa 3.200 °C, die sowohl zum Erwärmen auf Schmiedetemperatur als auch zum Gasschmelzschweißen verwendet werden kann.

Löten

Beim Löten können auch nicht gleichartige Werkstoffe mit Hilfe eines dritten Werkstoffes, dem Lot, miteinander verbunden werden. Zwei Verfahren sind üblich: das Weichlöten mit niedrig schmelzenden Zinnlegierungen als Lot und das Hartlöten mit höher schmelzenden Messinglegierungen oder Silberlegierungen als Lot. Die Lote sind als Drähte im Handel erhältlich. Das Weichlöten wird vorwiegend in der Elektrotechnik angewandt und hat beim Schmieden keine Bedeutung.

Hartlöten

Das Hartlöten ist beim Schmieden verbreitet. Es hat gegenüber dem Schweißen den Vorteil, dass die Arbeitstemperaturen erheblich niedriger sind und dass nicht gleichartige Werkstoffe verbunden werden können, z. B. Stahl mit Kupfer. Die Festigkeitswerte sind für Kunstschmiedearbeiten in der Regel ausreichend, wenn genügend Fläche für die Verbindung vorhanden ist.

Messinglote haben je nach Legierungszusammensetzung einen Schmelzpunkt von 820 °C bis 875 °C. Das bedeutet, beim Hartlöten mit Messinglot muss bis zur Rotglut erwärmt werden. Bei Schmiedestücken wird in der Regel mit offener Flamme (Schweißbrenner, Propangasflamme) erwärmt. **Silberlote** schmelzen schon unter 700 °C und sind dünnflüssiger als Messinglote, erfordern jedoch ein auf das Lot abgestimmtes Flussmittel. Silberlot wird eher bei der Schmuckherstellung verwendet, da es erheblich teurer als Messinglot ist. In beiden Fällen ist ein **geeignetes Flussmittel** erforderlich, welches zur Reinigung der Lötfuge dient und eine Benetzung der zu verbindenden Metallteile zulässt. Ohne Flussmittel kommt das Lot nicht zum Fließen, es bildet an der Metalloberfläche Tröpfchen und perlt, ohne eine Verbindung einzugehen, an der Oberfläche ab.

Hartlöten kann nur dort verwendet werden, wo die Oberfläche noch einen Überzug erhält, da sonst die gelbliche Farbe des Lotes störend wirkt. Ein Vorteil des Lötens gegenüber dem Schweißverfahren ist, dass das Flussmittel durch Kapillarwirkung in den Lötspalt gesaugt wird und dabei kein Werkstoffauftrag wie beim Schweißen erfolgt. Lötverbindungen sind außer an der Farbe des Lotes nicht erkennbar. Allerdings ist der Vorbereitungs- und Arbeitsaufwand erheblich höher als beim Schweißen. Da Lötverbindungen bereits vor Erreichen der Rotglut wieder aufgehen, kann bei einer Weiterbearbeitung des Werkstückes durch Schmieden dieses Verfahren nicht angewandt werden.

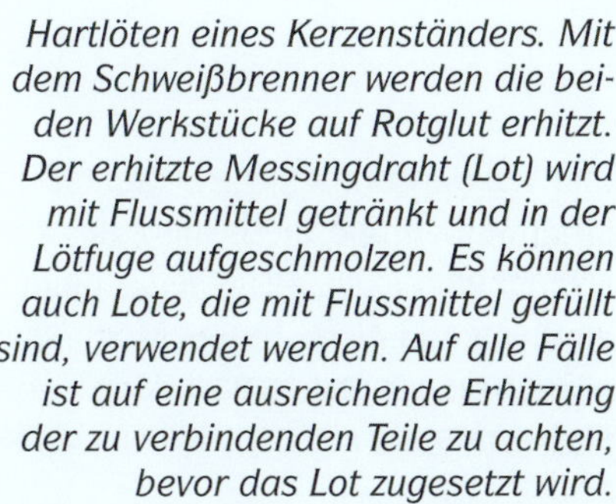

Hartlöten eines Kerzenständers. Mit dem Schweißbrenner werden die beiden Werkstücke auf Rotglut erhitzt. Der erhitzte Messingdraht (Lot) wird mit Flussmittel getränkt und in der Lötfuge aufgeschmolzen. Es können auch Lote, die mit Flussmittel gefüllt sind, verwendet werden. Auf alle Fälle ist auf eine ausreichende Erhitzung der zu verbindenden Teile zu achten, bevor das Lot zugesetzt wird.

Bundverbindungen

Häufig findet man Schmiedearbeiten, wo zwei Teile beispielsweise mit einem Flachstahl, der um die zwei zu verbindenden Teile gebogen ist (Bund), verbunden sind. Dies ergibt einen schönen gestalterischen Effekt. Wenn es nur um die Optik geht, können die Teile zuerst durch Schweißen verbunden werden, um sich bei der nachfolgenden Biegearbeit das Fixieren der beiden Teile zu ersparen.

Beispiel: Geschmiedete Gitter.

Nietverbindungen

Nietverbindungen entsprechen der klassischen Schmiedearbeit. Nietverbindungen sind unlösbare Verbindungen und können nur durch Zerstörung der Verbindung gelöst werden. Beim Nieten werden in die zu verbindenden Teile geringfügig größer Bohrungen als der Nietdurchmesser gebohrt und ein Niet mit Übermaß durchgesteckt. Dieser Überstand wird mit dem Hammer gestaucht bzw. in eine gefällige Form gebracht. Die Nietköpfe werden oft als Zierköpfe ausgeführt und können daher das Aussehen einer Schmiedearbeit positiv beeinflussen.

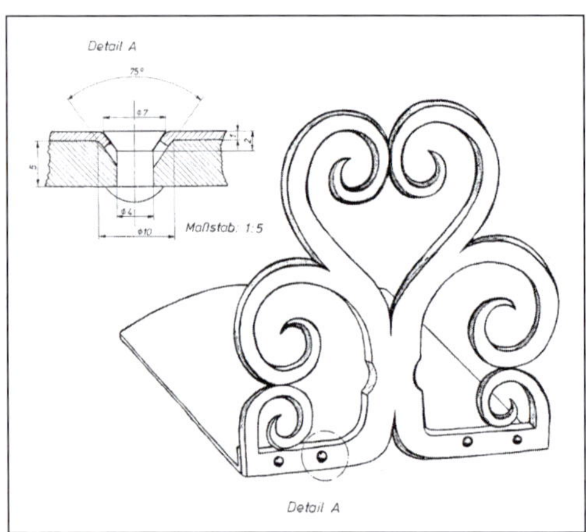

Nietverbindung bei einer Bücherstütze. Auf der Innenseite der Bücherstütze wird die Nietverbindung als Senkniet ausgeführt, das bedeutet, dass der Nietkopf bündig mit dem Blech der Bücherstütze abschließt. Auf der Sichtseite ist ein Halbrundkopf der Niete zu sehen.

Schraubverbindungen

Schraubverbindungen werden in der Regel nur bei technischen Schmiedeteilen verwendet. Bei Kunstschmiedearbeiten sind Schraubverbindungen nur für besondere Anwendungen vorgesehen, z. B. wenn ein Kerzenleuchter an einer Wand angeschraubt werden soll, ohne dass ein Schraubenkopf sichtbar ist. In diesem Fall kann man auf die erforderliche Schraube eine Kugel anschweißen und diese mit einer Zange einschrauben. Wo sich eine Verschraubung nicht vermeiden lässt, z. B. aus Montagegründen, werden die Schrauben nach Möglichkeit so gestaltet, dass sie als Schrauben nicht erkennbar sind.

Bundverbindungen an einem Gitter in der Stiftskirche Spital am Pyhrn, Österreich.

Nägel und Nieten

Schrauben und Nieten mit Zierköpfen

Schmieden einer Kugel

Anfertigung von Schnecken

Anfertigung eines Zirbels

Schmieden von Zierstäben

Schmieden von Einzelteilen

für unterschiedliche Verwendungen

Nägel und Nieten

Da die Herstellungsverfahren für Nägel und Nieten kaum Verfahrensunterschiede aufweisen, wird in weiterer Folge vereinfacht nur von Nägeln gesprochen. Geschmiedete Nägel werden vorwiegend wegen ihres dekorativen Charakters hergestellt. Als Hilfsmittel dient eine einfache Vorrichtung zum Schlagen von Nägeln. Dies ist ein rundes oder quaderförmiges Stahlstück mit ungefähr 30–40 mm Dicke und einer Bohrung mit einem Durchmesser entsprechend dem gewünschten Schaftdurchmesser des Nagels. Für die Entformung des Nagels ist es günstig, wenn sich die Bohrung nach unten hin konisch erweitert. Da die Herstellung einer konischen Bohrung Spezialwerkzeuge erfordert, wird dies nur selten möglich sein. Es funktioniert auch, wenn man auf der gegenüberliegenden Seite der Bohrung mit dem Nageldurchmesser eine etwa 1 mm größere Bohrung anbringt, sodass nur einige Millimeter der Bohrung mit dem Nageldurchmesser stehen bleiben.

Arbeitsvorgang

Ein Rundstab mit etwa dem Durchmesser des Nagelkopfes oder etwas geringer wird durch „Absetzen" auf den gewünschten Nageldurchmesser und die gewünschte Nagellänge ausgeschmiedet. Um eine glatte und gleichmäßige Oberfläche zu erhalten, kann auch mit einem Rundgesenk gearbeitet werden. Vorversuche zur Ermittlung der Länge des abzusetzenden

Nagelwerkzeug (gelb) aus einem Stahlquader mit 80 x 30 x 150 mm. In diesen Quader wurden drei Bohrungen mit drei verschiedenen Durchmessern (4, 6, 8 mm) entsprechend der erforderlichen Dicke des Nagelschaftes gebohrt. Zur besseren Handhabung wurde ein Rundstahl als Griff angeschweißt.

Schmieden des Nagelschaftes durch „Absetzen". Der Schaft wird rund geschmiedet und muss ohne Kraftaufwand durch die Bohrung des Nagelwerkzeuges gesteckt werden können.

Der Vorformling wird auf Schmiedetemperatur gebracht und in das Nagelwerkzeug gesteckt. Mit dem Handhammer wird der zylindrische Teil gestaucht und die Form des Nagelkopfes erzeugt. Die Schläge müssen exakt ausgeführt werden, da sonst der Kopf außermittig am Schaft sitzt.

Fertig geschmiedeter Nagelkopf

Sammlung von verschiedenen Stempeln für Köpfe von Nägeln und Nieten
(HTBL Kapfenberg)

Stückes sind von Vorteil, da sonst die Länge der Nägel stark schwanken kann. Nun wird ein Stück vom Rundstab abgetrennt, das Volumen dieses unverformten Teiles soll dem Volumen des Nagelkopfes entsprechen. Der abgetrennte Teil (Vorformling) wird auf Schmiedetemperatur gebracht und anschließend mit der ausgeschmiedeten Seite in die Form gesteckt. Mit dem Schmiedehammer kann nun die Form des Nagelkopfes erzeugt werden. Mit Hilfe eines Metallstempels kann in den Nagelkopf noch ein Zeichen oder Muster eingebracht werden.

Die Spitze des Nagels wird durch Schleifen am Schleifbock erzeugt.

Schrauben und Nieten mit Zierkopf

Für eine Befestigung von Schmiedestücken an der Wand sind Schrauben mit Gewinde notwendig. Im Folgenden wird eine einfache Methode für die Herstellung von Schrauben mit Zierkopf beschrieben. Die Methode ist jener der Nägelherstellung ähnlich: Von einer Schraube wird der Kopf abgetrennt und dieser mit einem Rundstahl verschweißt. Danach wird wie bei der Nagelherstellung der Rundstahl abgetrennt und der Zierkopf geformt. Noch einfacher geht es, indem man eine Schraube mit großem Kopf (z. B. eine so genannte Gestellschraube) nimmt und den Kopf bei Schmiedetemperatur umformt.

Nieten mit Zierkopf werden ebenso wie Nägel mit Zierkopf hergestellt. Es entfällt lediglich die Spitze. Der Schaft wird aus Sicherheitsgründen etwas länger als gefordert geschmiedet und dann auf die richtige Länge abgetrennt.

Schmieden einer Schraube mit Zierkopf

Schmieden einer Kugel

Für viele Kunstschmiedearbeiten werden Kugeln als Gestaltungselemente verwendet. Häufig werden diese im Gesenk geschmiedet, um eine gleichmäßigere Form zu erreichen. Mit entsprechender Sorgfalt lassen sich jedoch auch schöne freiformgeschmiedete Kugeln herstellen. Ausgangsmaterial ist Rund- oder Quadratstahl mit einem Außendurchmesser, der etwas größer als der fertige Kugeldurchmesser sein sollte. Ist das nicht der Fall, kann durch Stauchen der Durchmesser vergrößert werden. In den meisten Fällen wird an der Kugel auf einer Seite ein Schaft benötigt.

Absetzen und Strecken des Werkstückes mit dem Kehlhammer. Die Wirkung des Kehlhammers kann durch zusätzliche Verwendung eines Vorschlaghammers verstärkt werden. Durch den Kehlhammer erfolgt eine Streckung vorwiegend in Längsrichtung. Danach wird der gestreckte Querschnitt rund geschmiedet, was ebenfalls eine Verlängerung zur Folge hat.

Arbeitsschritte

Zuerst wird der Schaft geschmiedet, es kommen dabei die Arbeitsgänge Absetzen und Strecken zum Einsatz, wobei in der Regel eine runde Form mit einem bestimmten Durchmesser angestrebt wird. Aufgrund der Volumenkonstanz ergibt sich dabei die Länge des Schaftes. Es ist daher vorher abzuschätzen, an welcher Stelle abgesetzt wird, damit nach Ende des Streckvorganges der Schaft lang genug ist. Danach wird ein Stück des nicht ausgeschmiedeten Werkstückes abgeschrotet, welches das Volumen der fertigen Kugel haben sollte. Ungenauigkeiten wirken sich auf die Größe der Kugel aus. Beim Gesenkschmieden ist das Volumen der Kugel vorgegeben. Bei zu kleinem Volumen des abgeschroteten Teiles wird die Kugel unvollständig, bei zu großem Volumen kann das überschüssige Volumen in den Schaft wandern oder es bildet sich ein Grat, der nachbearbeitet werden muss. Dadurch verändert sich auch der Durchmesser senkrecht zur Gratebene.

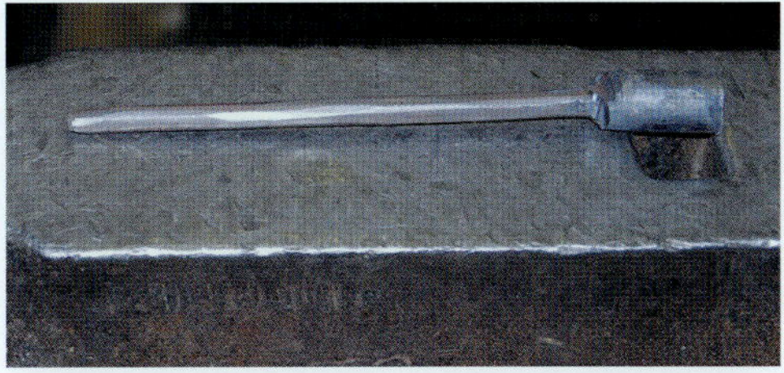

Fertig ausgeschmiedeter Schaft mit abgeschrotetem zylindrischem Teil für die Kugel

Der zylindrische Teil wird nun mit viel Geschick in die Kugelform gebracht.

Gesenk mit fertig geschmiedeter Kugel. Gesenkoberteil und Gesenkunterteil haben je zur Hälfte die Form einer Kugel und einen zylindrischen Teil für den Schaft. Die beiden Gesenkteile sind über einen federnden Bügel miteinander verbunden und zentriert, d. h., beide Kugelhälften müssen exakt übereinander liegen. Dies kann auch durch aufwändigere Führungselemente erreicht werden.

Fertige „Kugel" mit Schaft und Ansatz. Die gestreckte Form ist durch das Gesenk vorgegeben. Am Übergang zwischen Kugel und Schaft ist dieser eingeschnürt und entspricht genau dem Durchmesser des Gesenkes an dieser Stelle. Der Ansatz entsteht durch überschüssiges Material und kann je nach Bedarf mechanisch entfernt oder beispielsweise an ein anderes Schmiedestück angeschweißt werden.

Anfertigung von Schnecken

Schnecken, auch Schnörkel genannt, sind klassische Elemente des Kunstschmiedens. Die Möglichkeiten der Gestaltung sind unbegrenzt. In diesem Kapitel werden einige Anregungen für Gestaltung und Herstellungsmöglichkeiten gegeben.

Der Anfang einer Schnecke wird in den meisten Fällen durch Breiten und Kehlen in die für Schnecken typische Form gebracht und über einen Dorn am Amboss eng eingerollt.

Wird am anderen Ende ebenfalls eine Schnecke geschmiedet, so ist vorher das richtige Längenmaß des Werkstückes zu ermitteln. Zuerst wird die Form der Schnecke auf Zeichenpapier skizziert. Mit Hilfe eines weichen Drahtes, z. B. Kupferdraht, kann die Schneckenform leicht nachgebogen werden. Hat man davor die Gesamtlänge des Drahtes abgemessen, kann die Länge des erforderlichen Zuschnittes ermittelt werden. Der gebogene Draht oder die Skizze können als Vorlage für das Biegen der Schnecke verwendet werden. Die Verwendung des Drahtes hat den Vorteil, dass man auch glühende Werkstücke darüberhalten kann, während das Papier leicht in Flammen aufgeht.

Biegen von Schnecken mit Hilfe von Biegevorrichtungen

Werden mehrere gleiche Schnecken benötigt, so lohnt es sich, eine Biegevorrichtung herzustellen. Damit verkürzt sich die Arbeitszeit pro Schnecke wesentlich und die Form der einzelnen Schnecken ist völlig gleich, während beim Biegen mit Hilfe einer Schablone oder einer Musterschnecke immer kleine Unterschiede auftreten.

Schmieden des Anfangsstückes einer Schnecke

Biegen des Anfangstückes über einen Dorn

Biegen einer Schnecke aus Rundstahl. Eine Musterschnecke dient als Vorlage.

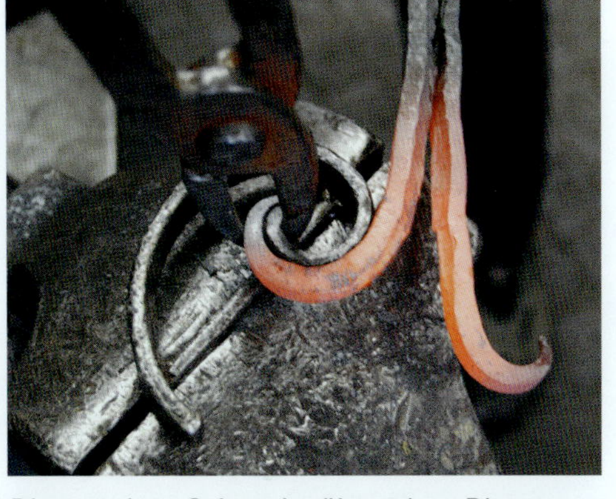

Biegen einer Schnecke über einer Biegevorrichtung. Der Anfang der Schnecke wurde über einen Dorn gebogen und wird nun mit einer Schmiedezange in der Biegevorrichtung festgehalten. Anstelle der Schmiedezange kann auch eine so genannte Gripzange, dies ist eine Zange, die selbst arretierend ist, verwendet werden. Damit bekommt man die Hand zum Gebrauch der Zange frei, was besonders bei der Arbeit ohne Helfer von Vorteil ist.

Detail aus dem Eingangsbereich der Stiftskirche Spital am Pyhrn. Der gesamte Eingangsbereich ist durch ein schmiedeisernes Gitter vom Kirchenschiff abgetrennt.

Anfertigung eines Zirbels

Zirbel sind häufig verwendete Stabzierformen in Kunstschmiedearbeiten.

Die einfachste Methode, Zirbeln herzustellen, ist folgende: Man nimmt vier gleich lange Stäbe (100 bis 150 mm) aus Quadratstahl (4 bis 6 mm Kantenlänge) und legt sie dicht zusammen, sodass wieder ein quadratischer Querschnitt entsteht. Anschließend verschweißt man die Enden sorgfältig an den Stirnseiten. Nach diesem Arbeitsgang wird das Mittelstück auf Schmiedetemperatur erwärmt und nach der Durchwärmung der verschweißten Stäbe ein Ende in den Schraubstock eingespannt. Mit einer Zange oder einem Wendeeisen wird das zweite Ende angefasst und etwa 1,5 bis 2 Umdrehungen verdreht.

Danach wird soweit zurückgedreht, bis der Zirbel die gewünschte Form erhält. Üblicherweise kann dieser Arbeitsschritt mit einer Erwärmung erfolgen. Man muss sehr darauf achten, dass die Stäbe nur verdreht und nicht verbogen werden, was ein hohes Geschick erfordert. Spätere Richtarbeiten sind zeitaufwändig und schwierig. Durch Schläge auf die Stirnseite des Zirbels wird die Form bauchiger als bei alleiniger Rückdrehung. Zirbel können auch aus zwei Stäben oder mehr als vier Stäben hergestellt werden. Man ist auch nicht an die quadratische Form gebunden. Oft werden auch Rundstäbe oder Drähte verwendet.

Die klassische Schmiedetechnik möchte ohne Schweißarbeit auskommen. Es wird in diesem Fall von einem Quadratstahl ausgegangen, der in der Mitte zweimal aufgespaltet wird. Wie im Kapitel Spalten (S. 49 ff.) beschrieben, erfordern Spaltarbeiten auch immer eine Richtarbeit. Für das Richten sind zusätzliche Vorrichtungen erforderlich, denn die gespalteten Stäbe weisen in der Regel Stärkeunterschiede auf. Die Spaltarbeit ist zeitaufwändig, erfordert eine zweite Person (Zuschläger mit Vorschlaghammer) und ist weniger maßhaltig als die Methode mit den verschweißten Stäben. Hat man die gewünschte Form des Zirbels erreicht, kann er durch Schweißen mit dem übrigen Schmiedestück verbunden werden.

Zirbel bestehend aus vier Quadratstäben

Verdrehung der vierkantigen, verschweißten Stäbe

Zurückdrehen der verschweißten Stäbe (in diesem Fall Rundstäbe), bis die gewünschte Form erreicht wird.

Zirbelähnliche Form durch Eindrehen und Zurückdrehen von fünf miteinander verschweißten Flachstahlstücken. Wenn man nicht an der klassischen Herstellung von Zirbeln festhält, stehen der Kreativität viele Gestaltungsmöglichkeiten offen.

Schmieden von Zierstäben

In vielen Kunstschmiedearbeiten werden die im Folgenden beschriebenen Zierstäbe bzw. in abgewandelter Form verwendet. Aufbauend auf die in den vorangegangenen Kapiteln geschilderten Arbeitstechniken können solche Zierstäbe hergestellt werden. Die beschriebenen Zierstäbe wurden für eine Schmuckkassette (Schülerarbeit der Fachschule für Bau-, Kunst- und Maschinenschlosserei in Bruck an der Mur, jetzt Fachschule für Maschinenbau, Kapfenberg) hergestellt. Das folgende Bild zeigt den Deckel dieser Schmuckkassette mit fertiger Bestückung mit Zierstäben.

Beschreibung der einzelnen Arbeitsschritte für den kurzen Zierstab

Ausgangsmaterial ist Flachstahl mit der Dimension 12 x 3 mm im Querschnitt und einer Länge von ungefähr 200 mm. Das genaue Längenmaß wird erst in den letzten Arbeitsschritten festgelegt, da durch die einzelnen Arbeitsschritte Längenänderungen vorkommen.

1. Ablängen des Flachstahles mit Metallsäge oder Hebelblechschere

2. Markieren der Spaltlinien mittels Reißnadel und leichter Einkerbung mit einem Flachmeißel

3. Spalten der markierten Stellen und Ausschmieden

Der Flachstahl wird nun im Schmiedefeuer im zu spaltenden Bereich auf Schmiedetemperatur erwärmt. Auf den Amboss wird eine nicht gehär-

Ein Beispiel für die Verwendung von Zierstäben. Der Deckel für eine Schmuckkassette mit Zierstäben – die Außenabmessungen betragen 180 x 260 mm.

tete Metallplatte (Unterlage) gelegt, auf der das erwärmte Werkstück zu liegen kommt. Mittels Flachmeißel oder Schrothammer werden die angezeichneten Stellen durchtrennt. Die abgespalteten Seitenteile werden nun mit abnehmendem Querschnitt ausgeschmiedet. Dabei kann es vorkommen, dass die Länge gekürzt werden muss. Das folgende Bild zeigt die einzelnen Arbeitsschritte in der Entstehung des Zierstabes.

Arbeitsschritte bei der Herstellung eines Zierstabes (v.l.n.r.)
- *Flachstahl 12 x 3 x 200 mm*
- *An einer Stelle aufgespalteter Flachstab*
- *Ausgeschmiedete Seitenteile mit teilweise gebogenen Seitenteilen*
- *Fertig gebogener Zierstab mit Kröpfung an den Kreuzungsstellen mit anderen Zierstäben. Die Enden des Zierstabes werden auf das erforderliche Maß abgelängt.*
- *Fertiger Zierstab, Enden mit kreisförmig gebogenen Meißel aufgespalten und aufgebogen.*

Biegevorrichtung mit teilweise gebogenem Zierstab. Der Biegevorgang soll bei Schmiedetemperatur durchgeführt werden. Eventuell muss die Länge der Seitenteile gekürzt werden. Oberhalb der Vorrichtung ist der fertig gebogene Zierstab zu sehen.

Biegevorrichtung mit fertig gebogenem Zierstab. Die Enden des Zierstabes können beispielsweise ebenfalls aufgespaltet werden.

Details der fertigen Arbeit

Biegen der Seitenteile

Für alle mehrfach vorkommenden Biegearbeiten ist es empfehlenswert, Vorrichtungen zu verwenden. Damit ist gewährleistet, dass alle Biegeradien gleich sind. Breitenunterschiede durch Fehler beim Spalten können durch Feilen oder Schleifen ausgeglichen werden. Die im Bild dargestellte Biegevorrichtung kann leicht selbst hergestellt werden. Zur besseren Darstellung wurde die Vorrichtung rot lackiert.

Kröpfen

Je nach Verwendung des Zierstabes kann dieser auch noch an verschiedenen Stellen gekröpft werden. Auch hier ist es empfehlenswert, sich einfache Vorrichtungen zu bauen, um die Genauigkeit zu erhöhen.

Details dieser Schmiedearbeit

Das folgende Bild zeigt einen Ausschnitt aus dem Deckel der Schmuckkassette. Bei genauer Arbeit berühren sich die Bögen der rechtwinkelig angeordneten Zierstäbe. Dabei ist die Verwendung einer Biegevorrichtung hilfreich, man kann aber auch mit einer Schablone arbeiten. An den Kreuzungsstellen der einzelnen Stäbe sind die kurzen Stäbe gekröpft, damit ergibt sich eine ebene Unterseite. Alle Stäbe sind am Übergang zum Außenrahmen gekröpft und mit diesem vernietet. Es empfiehlt sich, von den ersten Schritten weg möglichst exakt zu arbeiten, da sich die Fehler wie ungleichmäßige Spaltarbeit oder ungleichmäßiges Ausschmieden nur teilweise berichtigen lassen.

Erforderliches zusätzliches Werkzeug

Flachmeißel, Rundzange, Setzstock und Feilen. Die Mithilfe einer zweiten Person ist von Vorteil.

Geschmiedete Zier- und Gebrauchs-gegenstände

In diesem Kapitel werden Anregungen für die Anfertigung von einfachen Zier- und Gebrauchsgegenständen beschrieben. Das Hauptaugenmerk liegt darauf, mit einfachen Methoden und geringem Aufwand zu arbeiten. Nahezu alle beschriebenen Schmiedestücke wurden vom Verfasser selbst in einer einfachen Feldschmiede hergestellt. Die wesentlichen Arbeitsschritte sind in Bildern dargestellt.

Griffe

Für bestimmte Arten von Möbeln können dazupassende handgeschmiedete Griffe verwendet werden. Der Aufwand für das Schmieden dieser Teile ist relativ gering.

Arbeitsgänge für einen Griff mit flachen Enden

Ausgangsmaterial ist Rundstahl mit 12 mm Durchmesser. Dieser wird in eine annähernd quadratische Form geschmiedet, wobei gerundete Kanten stehenbleiben. Die Enden werden abgesetzt und kegelig geformt. Danach wird gebreitet bis auf eine Dicke von etwa 2 mm. Durch die Form des abgesetzten Endstückes kann die Form der fertig geschmiedeten Befestigungsenden beeinflusst werden.

Anschließend wird das Werkstück in der Mitte auf Schmiedetemperatur gebracht und verdreht. Danach werden bei Schmiedetemperatur

Beispiele für geschmiedete Möbelgriffe. Ausgangsmaterial ist Rundstahl: Befestigungsenden ausgespitzt und gebreitet ohne Nacharbeit (Feilen oder Schleifen), Mittelstück quadratisch und verdreht. (oben) Befestigungsenden gebreitet, gekehlt und eingerollt. Mittelstück gekehlt und in der Mitte mit Kugeleindruck. Befestigungsbohrungen. (unten)

die erforderlichen Biegungen um 90° im Schmiedeschraubstock durchgeführt.

Es sind noch zwei Bohrungen für die Befestigung des Griffes zu bohren. Eventuelle Fehler oder unsymmetrische Bereiche können durch Schleifen oder Feilen beseitigt werden.

Arbeitsgänge für einen Griff mit eingerollten Enden

Die Arbeitsgänge zum Griff mit flachen Enden unterscheiden sich nur unwesentlich. Die Enden werden gebreitet und gekehlt und anschließend über einen kegeligen Ambossaufsatz eingerollt. An der Stelle der Verdrehung werden mit dem Kehlhammer Kehlen und in der Mitte des Griffes wird mit einem Kugelhammer (Treibhammer) eine kugelförmige Vertiefung eingeschlagen.

Vom Quadratquerschnitt abgesetztes, kegeliges Endstück des Griffes. (oben) Unterschiedliche Form der Enden des Griffes – durch unterschiedlich geformte, abgesetzte Enden. Das linke Ende ist durch eine kegelige Form, das rechte ist durch eine kugelige Form entstanden. (Mitte) Biegen des Griffes im Schmiedeschraubstock. (unten)

Schmieden von Kreuzen

Ein sehr beliebtes Motiv für Schmiedearbeiten sind Kreuze. Das können sehr einfache Kreuze mit Wandbefestigung für Innenräume oder Kreuze zum Aufstellen, bis hin zu aufwändig gestalteten Grabkreuzen, sein.

Kleines Kreuz aus dickwandigem Flachstahl für die Befestigung an der Wand

Ausgangsmaterial ist Flachstahl mit einem Querschnitt von 15 x 10 mm. Das Längsstück hat eine Ausgangslänge von 200 mm, zwei Querstücke mit je 45 mm Länge werden in einem Abstand von 45 mm vom Rand an das Längsstück angeschweißt. Um das so entstandene Kreuz in weiterer Folge schmieden zu können, muss daher darauf geachtet werden, dass die Verbindungsstellen vollständig durchgeschweißt wurden. Um dies zu erreichen, werden die beiden Querstücke im Bereich der Schweißnaht auf beiden Seiten so weit abgeschrägt, dass noch etwa 1 mm stehen bleibt. Es sind so viele Lagen zu schweißen, dass die Schweißstelle mindestens so dick wie der Flachstahl ist. Beim Schweißen verzieht sich das Kreuz leicht, was in diesem Fall keine Probleme bereitet, da das Kreuz noch geschmiedet wird und im glühenden Zustand leicht ausgerichtet werden kann.

Im Folgenden wird ein Vorschlag für die schmiedetechnische Gestaltung dieses Kreuzes gemacht. Die vier Enden des Kreuzes sollen aus optischen Gründen gestaucht werden. Dazu wird jeweils ein Ende auf Schmiedetemperatur erwärmt und mit der kalten gegenüberliegenden Stirnseite auf den Amboss gestellt. Durch Schläge mit der Finne des Schmiedehammers auf die heiße Stirnseite wird diese gestaucht. Diesen Vorgang führt man auch mit den anderen drei Enden durch.

Einzelteile und geschweißtes Kreuz für die schmiedetechnische Weiterverarbeitung. Im unteren Bild sind die abgeschrägten Querteile zu erkennen. Nach dem Schweißen sind alle Flächen plan zu schleifen, sodass von einer Schweißnaht nichts mehr zu sehen ist.

Einbringen der Kehlungen in das Kreuz

Gestaltungsmöglichkeit für ein kleines Kreuz

Als optisches Element werden Querkehlungen eingebracht. Dazu werden an ein quadratisches Stahlstück mit 25 mm Seitenlänge der Schaft einer Stahlschraube und ein Rohr als Hammerstiel angeschweißt. Mit Hilfe dieses Hammers und einem Vorschlaghammer können nach Erwärmung auf Schmiedetemperatur die halbkreisförmigen Vertiefungen (Kehlungen) eingeschlagen werden. Die Abstände der Kehlen richten sich nach den persönlichen Vorstellungen und müssen nicht exakt gleich groß sein. Das Werkstück muss dafür mehrmals erwärmt werden.

Nun wird mit Hilfe eines Kugelhammers die kugelförmige Vertiefung im Kreuzungspunkt von Längs- und Querstück des Kreuzes eingeschlagen. Der Kugelhammer wurde selbst hergestellt. Dazu wurde an ein Stück Rundstahl mit 30 mm Durchmesser eine Kugel aus einem alten Kugellager aufgeschweißt; ein angeschweißtes Stück Rohr dient als Stiel.

Selbst angefertigte Hämmer für die Gestaltung des Kreuzes (unten)

Einschlagen der kugelförmigen Vertiefung mittels Kugelhammer und Vorschlaghammer (oben)

Bücherstütze

Bücherstützen sind ein beliebtes Motiv für kleine Kunstschmiedearbeiten.

In diesem Kapitel soll die Anfertigung einer Bücherstütze beschrieben werden. Aus einem Flachstahl 15 x 5 mm wird ein U-förmiger Rahmen gebogen. Das „U" wird mit einem geraden Stück dieses Materials mittels Anschweißens geschlossen. An das gerade Stück wird ein Blech angenietet, um die Funktion der Bücherstütze zu gewährleisten. Der Rahmen wird an der von den Büchern abgewandten Seite mit der Finne eines Hammers gehämmert, um eine ansprechende Form zu erhalten. In den Rahmen werden nun vier Schnecken eingepasst und hart verlötet oder verschweißt. Die Schnecken wurden ohne Vorrichtung über einen kegeligen Dorn gebogen. Als gestalterisches Element können die Schnecken noch mit einem Bund aus einem Blechstreifen mit etwa 10 mm Breite versehen werden. Für die Anordnung der Schnecken gibt es mehrere Möglichkeiten.

Die Schnecken untereinander können noch durch einen Bund miteinander verbunden werden. Das Anbringen des Bundes wird wesentlich erleichtert, wenn die zu verbindenden Teile zuerst fixiert werden, z. B. durch Löten oder einen Schweißpunkt. Der Bund hat dann nur die Funktion eines gestalterischen Elementes.

Arbeitsschritte

Anfertigung einer Skizze mit den Hauptabmessungen der Bücherstütze. Daraus werden die Längen der einzelnen Bauteile, der vier Schnecken sowie des Außenrahmens ermittelt. Für den Bund werden die Naturmaße genommen. Eine Handskizze ist in diesem Fall ausreichend.

Biegen des U-förmigen Rahmens

Bücherstützen werden in vielen Fällen in einer größeren Stückzahl angefertigt. Die Form des äußeren Rahmens bleibt dabei gleich, sodass es sich lohnt, eine Schablone für das Biegen des Außenrahmens herzustellen. Das Ausfüllen des Rahmens erfolgt individuell. Der Rahmen kann auch kalt gebogen werden, es ist dabei jedoch zu beachten, dass der kalt gebogene Flachstahl immer ein kleines Stück (um den elastischen Bereich) zurückfedert.

Der fertig gebogene U-Rahmen wird nun beidseitig auf das erforderliche Maß abgeschnitten und ein gerades Stück Flachstahl eingeschweißt, die Schweißstelle geschliffen und gefeilt, auf Schmiedetemperatur gebracht und gehämmert. Nach der Bearbeitung durch Schleifen und Feilen soll von der Schweißverbindung nichts mehr zu erkennen sein. Nun wird mit zwei Senknieten ein etwa quadratisches Blech an den geraden Teil der Bücherstütze angenietet. In diesem Fall wurden Senknieten verwendet, das sind Nieten, die mit der Oberfläche der zu verbindenden Teile bündig abschließen, daher sind die Nieten nicht sichtbar. Es können aber auch Kopfnieten mit Zierkopf, die selbst angefertigt werden, verwendet werden. Kopfnieten sind Nieten, die an der Oberfläche der zu verbindenden Teile hervorstehen und bei Ziergegenständen derart geformt werden, dass sie zur Form des Werkstückes passen.

Schnecken

Es wird ein Musterstück hergestellt und die weiteren Schnecken werden entsprechend diesem Muster gebogen. Der Rundstahl wird an den Enden flach ausgeschmiedet und gekehlt. Über einen Spitzdorn werden die ersten Rundungen gebogen.

Sind die vier Schnecken fertig eingepasst, können sie nun mit dem Rahmen und untereinander hart verlötet oder verschweißt werden.

Die Schweißpunkte sollen möglichst klein ausgeführt werden, damit sie vom Bund abgedeckt werden können. Für den Bund wird ein Blechstreifen von 10 mm Breite u-förmig von der Sichtseite um die Verbindungsstelle gebogen, sodass das Blech spaltfrei an den Schnecken anliegt. Nach nochmaliger Erwärmung wird der Bund überlappend zusammengebogen. Mit einer Trennschleifmaschine werden die überlappenden Teile abgetrennt, sodass ein Spalt von etwa 1 mm entsteht. Da der Bund durch die Überlappung nicht vollständig geschlossen wurde, sind dafür noch einige Hammerschläge erforderlich, dabei wird der Bund dann endgültig geschlossen.

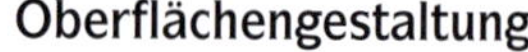

Oberflächengestaltung

Als erstes wird die gesamte Oberfläche mit einer Drahtbürste gereinigt. Eventuell sind noch kleine Richtarbeiten an den Schnecken durchzuführen. Grate und spitze Stellen können mit Feile und Schleifpapier entfernt werden. Die im Bild dargestellte Bücherstütze wurde mit einem dunkelgrauen Lack aus einer Spraydose lackiert.

Weitere Ausführungen von schmiedetechnisch aufwändigeren Bücherstützen sind im Bildteil zu finden.

Schnecke für den Einbau in die Bücherstütze. Die Enden der Schnecken sind flach ausgeschmiedet und leicht gekehlt. Die Größe der Schnecke muss so gewählt werden, dass mit vier Schnecken der Rahmen ausgefüllt wird. Geringe Nacharbeiten im kalten Zustand sind möglich.

Einpassen der Schnecken in den Rahmen der Bücherstütze. Die offenen Enden der Schnecken sind nach außen gedreht.

Biegen des Außenrahmens für die Bücherstütze. Die Schablone ist zur besseren Unterscheidung rot lackiert. Da der Flachstahl in einem Erwärmungsvorgang nicht über die gesamte erforderliche Länge erwärmt werden konnte, wurde der Biegevorgang in drei Stufen durchgeführt. Der bereits fertig gebogene Teil wird dabei mit so genannten Gripzangen fixiert. Der Flachstahl wurde vor dem Biegen auf einer Schmalseite mit der Hammerfinne gehämmert.

Biegen der Schnecken nach Muster über einen Spitzdorn und über das Ambosshorn. Auf dem Amboss liegt das Musterstück.

Bücherstütze mit eingepassten Schnecken mit Hartlötstelle (re.) und Schweißpunkten zur Verbindung der Schnecken miteinander.

Feuerwerkzeug, bestehend aus Schürhaken mit Zirbel, Stange mit Spitze und Halterung.

Feuerwerkzeug

In diesem Kapitel wird die Anfertigung eines Feuerwerkzeuges mit Ständer, wie es beispielsweise für Kamin- oder Kachelöfen verwendet wird, beschrieben.

Anfertigung des Schürhakens

Der Schürhaken wurde aus einem Rundstahl mit 12 mm Durchmesser hergestellt. Die Länge ist individuell. In diesem Fall hat der Schürhaken bis zum Beginn des Zirbels eine Länge von 450 mm. Der Rundstahl wird auf quadratisches Format geschmiedet, wobei die Kanten gerundet werden. Ein Ende des Werkstückes wird auf Rechteckformat ausgeschmiedet und entsprechend dem folgenden Bild gebogen.

Für den Griff des Schürhakens wird ein Zirbel aus Rundstahl mit 6 mm Durchmesser und einer Länge von 90 mm hergestellt. Dieser wird mit dem Quadratstahl verschweißt und die Schweißstelle mit dem Einhandwinkelschleifer bearbeitet. Die Verbindungsstelle wird auf Schmiedetemperatur erwärmt und auf gleiches Format wie der Quadratstahl gebracht. An den Zirbel schweißt man noch eine Kugel als Abschluss und überarbeitet die Übergangsstelle zwischen Zirbel und Kugel mit dem Einhandwinkelschleifer. In diesem Fall wurde eine Kugel aus einem alten Kugellager angeschweißt, die optisch nicht zum Schmiedestück passt, da die Oberfläche völlig glatt und vollkommen rund ist. Es wurde daher wieder auf Schmiedetemperatur erwärmt und die Kugel mit leichten Hammerschlägen bearbeitet. Dadurch wirkt diese Kugel so, als ob sie handgeschmiedet wäre. Der gerade Teil des Schürhakens wird aus ästhetischen Gründen mit zwei gegenläufigen Verdrehungen versehen. Für diese Art der Verdrehung darf das Werkstück jeweils nur für eine Verdrehung erwärmt werden. Bei der Verdrehung muss darauf geachtet werden, dass der zu verdrehende Bereich gleichmäßig erwärmt wird, damit man den gesamten Verdrehvorgang mit einer Erwärmung durchführen kann.

Stange mit Spitze

Dieses Schmiedestück wird aus zwei Teilen, dem Griff und dem geraden Teil, hergestellt. Beide Teile werden aus Rundstahl geschmiedet. Der Rundstahl für den Griff hat einen Durchmesser von 6 mm, der für den geraden Teil 8 mm. Für den Griff wird eine Öse gebogen, sodass zwei eng aneinanderliegende gleich lange Rundstäbe von etwa 300 mm entstehen. Diese Stäbe werden nun im Bereich außerhalb der Öse und bis etwa 100 mm vor dem Ende auf Schmiedetemperatur erwärmt. Die beiden kalten Enden werden in den Schraubstock ein-

Gegenläufige Verdrehung am geraden Teil des Schürhakens mit Zirbel und Kugel

gespannt und die Öse mehrere Umdrehungen verdreht. Dabei ist darauf zu achten, dass sich während des Verdrehvorganges das Werkstück möglichst wenig verbiegt. Nun kann das nicht verdrehte Ende abgetrennt werden und der gerade Teil an ein Ende der beiden Rundstähle angeschweißt werden. Das zweite Ende kann noch ausgeschmiedet und leicht eingerollt werden. Der gerade Teil wird auf ein quadratisches Format geschmiedet und nach vorne hin ausgespitzt. Nun werden die beiden Teile verschweißt und die Schweißstelle in gewohnter Weise bearbeitet, sodass von der Schweißstelle nichts mehr zu erkennen ist. Wie beim Schürhaken werden auch beim geraden Teil zwei gegenläufige Verdrehungen angebracht. Die Gesamtlänge dieses Teiles beträgt 520 mm.

Ständer

Dieses Werkstück besteht aus drei Teilen: dem Bodenteil, dem Mittelteil und dem Halter (Oberteil). Der Bodenteil wird aus einem Flachstahl 70 x 4 x 420 mm hergestellt. Auf einer Seite wird der Flachstahl mittig auf einer Länge von 150 mm gespaltet (mit dem Meißel im warmen Zustand oder einem Winkelschleifer im kalten Zustand) und an den Enden auf 120 mm auseinandergebogen. Die Enden (Füße) werden gebreitet und gekehlt und anschließend leicht eingerollt.

Die zweite Seite des Bodenteiles wird nur gekehlt und eingerollt und ebenso nach unten gebogen, sodass noch eine etwa 80 mm breite ebene Fläche übrigbleibt. An den Enden der ebenen Fläche werden nun mit einem Kehlhammer seitlich Kehlungen eingeschlagen. In der Mitte der ebenen Fläche wird eine Bohrung zur Aufnahme des Mittelteiles gebohrt. Der Mittelteil besteht aus Rundstahl mit 10 mm Durchmesser. Aus optischen Gründen wurde ein Stück dieses Teiles um einen Rundstahl (etwa 15 mm Durchmesser) gewendelt. Die geraden Teile werden wieder auf quadratisches Format geschmiedet und gegenläufig verdreht. Am unteren Ende wird auf etwa 10 mm Länge ein Zapfen abgesetzt, der mit dem Bodenteil vernietet werden kann. Der Oberteil, der die beiden Werkzeuge aufnimmt, wird aus einem Rundstahl mit 20 mm Durchmesser hergestellt. Dieser wird auf Rechteckformat geschmiedet und im Verhältnis 2:1 aufgespaltet. Aus dem dünneren Teil wird der Haken zum Aufhängen der Stange mit Spitze geschmiedet.

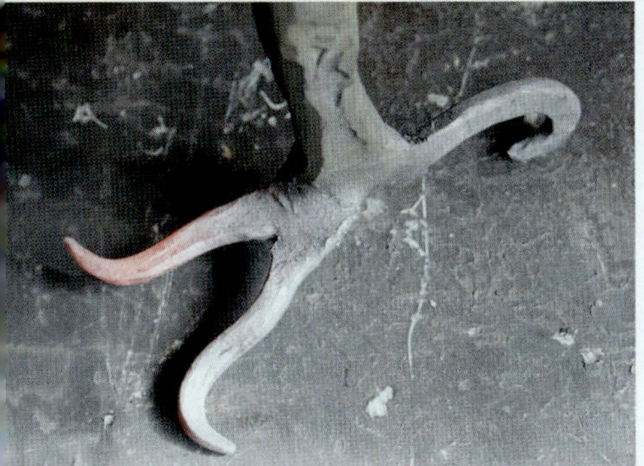

Bodenteil. Die Seitenkanten werden gehämmert, die Enden gebreitet, gekehlt und eingerollt. Die Füße werden noch nach unten gebogen, um einen Bodenabstand zu erreichen. (oben links)
Aufgespalteter Rundstahl mit Haken. Der flache Teil wird für die Aufnahme des Schürhakens nochmals aufgespaltet. (oben rechts)
Oberteil. Aufnahme für den Schürhaken. (Mitte links)
Zum Vernieten vorbereitete Teile. (unten links)
Biegen des Griffes. Ein Ende ist in den Schmiedeschraubstock eingespannt, das andere Ende mit der Öse wird mit Hilfe einer Stahlstange mehrere Umdrehungen verdreht. Das Werkstück ist leicht verbogen und muss noch ausgerichtet werden. (Bild linke Seite)

Da der Schürhaken keine Öse zum Aufhängen besitzt, wird eine zweiteilige Aufnahme, durch die der Zirbel des Schürhakens nicht durchrutschen kann, hergestellt.

Der Oberteil wird von der Rundstange abgetrennt und mit dem Mittelteil verschweißt. Die Schweißstelle wird sauber nachgearbeitet und der Schweißbereich bei Schmiedetemperatur bearbeitet. Mittelteil und Bodenteil können nun vernietet werden. Dazu wird der abgesetzte Teil des Mittelteiles erwärmt und der Mittelteil in den Schraubstock eingespannt. Der Bodenteil wird aufgesetzt und mit einigen kräftigen Hammerschlägen sodann mit dem überstehenden Mittelteil vernietet.

Die drei Werkstücke müssen nun ausgerichtet und mit einer Drahtbürste gereinigt werden. Dann kann ein Oberflächenschutz, z. B. schwarzer Mattlack, aufgebracht werden.

Beispiele für manuell ausgeführte Rankstangen im Hausgarten, kombiniert mit getöpferten Figuren.

Rankstange

So genannte Rankstangen für den Garten erfreuen sich großer Beliebtheit. Viele der in Bau- und Gartenmärkten angebotenen Gegenstände sind maschinell hergestellte Produkte, für welche ein möglichst niedriger Preis als Leitlinie dient. In Abweichung davon wird hier an einigen Beispielen gezeigt, wie man mit einfachen Mitteln formschöne Schmiedestücke für den eigenen Garten herstellen kann.

Gerade Rankstange

Die im Bild rechts unten dargestellte Rankstange für den Garten beinhaltet mehrere Schmiedetechniken wie Breiten, Verdrehen, Absetzen und Lochen. Ausgegangen wird von einem Rundstahl mit 10 mm Durchmesser.

Als gestalterisches Element werden Kugeln verwendet, die in die Rankstange eingepresst oder als Zwischenstücke in die Rankstange eingeschweißt werden. Diese können selbst geschmiedet werden oder beispielsweise aus ausgeschiedenen Kugellagern stammen. Für das Einpressen der Kugeln wird zuerst durch Absetzen mit einem Rundstahl eine flache Stelle erzeugt.

Es ist günstig, den Rundstahl zuerst in eine annähernd quadratische Form zu bringen, da dadurch die Handhabung erleichtert wird (das Werkstück liegt verdrehsicher auf dem Amboss, was bei der Arbeit ohne Helfer ein großer Vorteil ist). Mit Hilfe eines Rundstahles wird die Flachstelle erzeugt, die dann gelocht wird und die Kugel aufnimmt.

Für das Lochen wurde eine Stahlschraube, Güteklasse 8.8, konisch geschliffen, und ein Rundstahlstück als Griff angeschweißt. Dieses selbst gefertigte Lochwerkzeug wird mittig auf die Flachstelle gesetzt und mit einigen Hammerschlägen in das Werkstück getrieben. Bevor das Lochwerkzeug das Werkstück durchdringt, wird eine kreisringförmige Unterlage (z. B. ein Rohrstück oder eine Sechskantmutter) zwischen Amboss und Werkstück gelegt, damit sie das Werkstück vollständig durchdringen kann. Es ist schwierig, im glühenden Zustand genau den Ansatzpunkt für das Lochwerkzeug zu finden. Wenn außermittig gelocht wird, entsteht eine starke Asymmetrie des Loches.

Eine Verbesserung kann dadurch erreicht werden, dass zuerst mit einem Spiralbohrer mit einigen Millimetern Durchmesser vorgebohrt

Detail einer maschinell gefertigten billigen Rankstange. Das Ende der Schnecke ist nicht rund, sondern gerade, da es für das Kaltbiegen in die Maschine eingespannt werden muss. Ebenso ist das Ende nicht breit ausgeschmiedet, sondern gerade abgeschnitten. Bei „echten“ Schmiedestücken ist die Schnecke auch am Ende eingerollt und gebreitet.

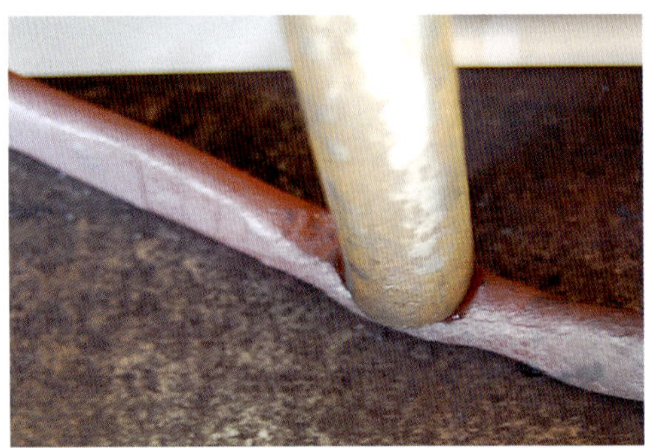

Erzeugen einer flachen Stelle für das Einpressen einer Kugel.

Lochen der Flachstelle im warmen Zustand.

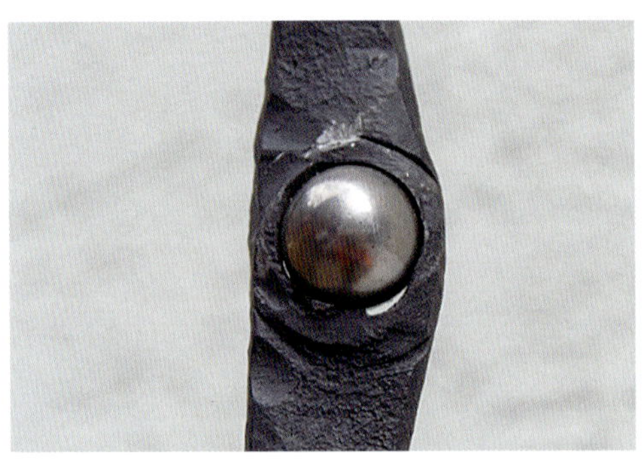

Die außermittig gelochte Stelle erzeugt eine Asymmetrie.

Mit 4 mm vorgebohrte Stelle für den Ansatz des Lochwerkzeuges (links). Auf der rechten Seite ist das um 90 Grad versetzte, vollständig durchgeschlagene Lochwerkzeug zu sehen.

Ausschnitt aus dem Rankstock

wird und damit eine exakte Ansatzstelle für das Lochwerkzeug vorhanden ist. Wenn man den ge-samten Durchmesser mit dem Spiralbohrer herstellt, wird zu viel Material abgetragen und die seitliche Wanddicke zu gering.

Auf diese Weise werden vier um den Umfang verteilte Löcher hergestellt, wobei jeweils zwei nahe zusammenliegen und mittels eines verdrehten Flachstücks miteinander verbunden sind. Für die Verdrehung wird der Rundstahl in einen Flachquerschnitt umgeformt und in bekannter Weise verdreht. Das obere Ende wird in einen Quadratquerschnitt umgeformt und ebenfalls verdreht. Als Abschluss

Biegen über die Biegevorrichtung. Das Ende der Schnecke wird mit einer Gripzange fixiert.

Halbfertiges Endstück der Rankstange aus korrosionsbeständigem Flachstahl

Rankstange mit Schnecken

wird eine im Baumarkt zugekaufte Spitze angeschweißt.
Nach unten hin werden Kugeln eingeschweißt, die mit Hilfe von verdrehten Flachstücken miteinander verbunden werden. Den Abschluss bildet ein Rundstahl, der am Ende ausgespitzt wird. Der Rankstock wird nun mit einem Mattlack lackiert. Die Kugeln und den Zirbel lackiert man mit Goldlack. Als Abschluss werden die unlackierten, metallisch glänzenden Kugeln aus einem Kugellager im Schraubstock eingepresst. Die für das „Lochen" verwendete Unterlage kann auch dafür im Schraubstock verwendet werden.

Rankstange mit Schnecken

Bei dieser Ausführung wurde der gerade Teil ebenfalls mit verschiedenen Verdrehungen versehen. Seitlich werden Schnecken aus Rundstahl angeschweißt. Diese Schnecken wurden über eine Biegevorrichtung gebogen. Die Enden sind flach ausgeschmiedet.

An das obere Ende der Stange wird ein Zirbel mit Kugelabschluss angeschweißt. Als Alternative kann ein gespaltetes, gebogenes Endstück aus korrosionsbeständigem Stahl angeschweißt werden. Dieses kann blank geschliffen werden und ergibt durch seinen Glanz ein gutes Aussehen.

Utensilienhalter für den Schreibtisch

Bei diesem Ausführungsbeispiel werden wieder mehrere Schmiedetechniken angewandt. Dieses Schmiedestück besteht aus einem Ständer, auf dessen Boden eine Zettelbox oder eine Kaffeetasse abgestellt werden kann. Auf halber Höhe ist der Ständer gespaltet und zu einem Kreis geformt. In die kreisförmige Öffnung wurde ein Dauermagnet eingeklebt, der als Halter für Büroklammern dient. Ein Querstück aus zwei verdrillten Rundstahlstücken ist an den Enden derart geformt, dass Büromaterialien aufgenommen werden kann. Der Ständer ist an der Oberseite flach ausgeschmiedet und wird um die Mitte des Querstückes gebogen, wodurch dieses in seiner Lage fixiert wird.

Ausgegangen wird wiederum von einem Rundstahl, der in einen rechteckigen Querschnitt umgeformt wird. Der Ständer wird aus zwei Teilen, dem spiralförmig gebogenen Unterteil und dem senkrechten Teil, hergestellt.

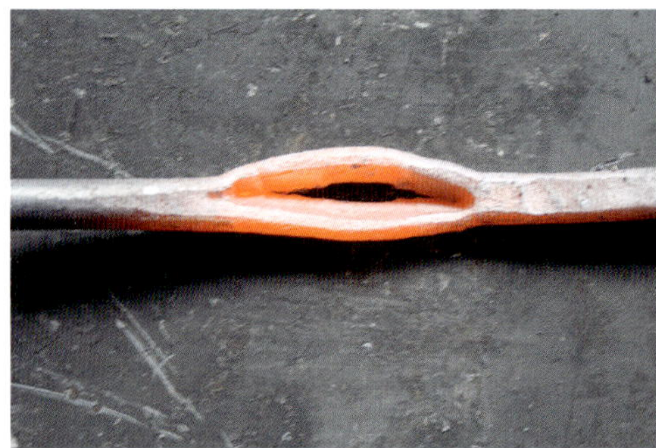

Unterteil mit angeschweißtem Flachstahl zur Fixierung im Schraubstock. (oben links)
Fertig gespaltetes Stück auf einer Schwarzblechunterlage. (oben rechts)
Fertig geschmiedete kreisförmige Öffnung. Links im Bild ist der Spaltansatz gut zu erkennen. Mit einer Rundfeile können Grate und scharfe Stellen entfernt werden. (links)

Beide Teile werden miteinander verschweißt. Um das Unterteil beim Biegen der Spirale fixieren zu können, wird am Anfang der Spirale auf der Unterseite ein Stück Flachstahl angeschweißt. Damit kann das Werkstück in den Schraubstock eingespannt werden. Wenn die Spirale fertig gebogen ist, müssen der Flachstahl abgetrennt und die Reste der Schweißnaht abgeschliffen werden.

Das senkrechte Teil mit dem gleichen Querschnitt wie das Unterteil wird mit einem Spaltmeißel gespalten. Dazu wird der zu spaltende Bereich angezeichnet und mit einem Flachmeißel im kalten Zustand eingekerbt, damit im glühenden Zustand der zu spaltende Bereich erkennbar ist. Nach Erwärmung auf Schmiedetemperatur wird das Werkstück auf den Amboss gelegt und der Spaltvorgang von der Mitte aus begonnen. Nach jedem Hammerschlag wird der Spaltmeißel um eine halbe Meißelbreite weiterbewegt. Wenn das Werkstück auf Rotglut abgekühlt ist, muss neu erwärmt werden. Bevor der Meißel das Werkstück vollständig durchdringt, wird eine Schwarzblechunterlage zwischen Werkstück und Amboss gelegt, um die Schneide des Meißels an der Ambossbahn nicht zu zerstören.

Die kreisförmige Öffnung wird mit Hilfe des Ambosshorns oder des kegeligen Ambossaufsatzes hergestellt. In diese wird später ein Magnet als Büroklammernhalter eingeklebt. Der Magnet mit einer Kunststoffoberfläche wurde aus einem Raffband für Vorhänge entnommen.

Für den Oberteil werden zwei Rundstähle mit 6 mm Durchmesser ausgespitzt und derart gebogen, dass Schreibtischutensilien aufgehängt oder durchgesteckt werden können. Danach werden die beiden Rundstähle miteinander verdrillt und mit dem Ständer durch Umbiegen des oberen flachen Stückes verbunden.

Hakenleiste

In diesem Kapitel wird die Anfertigung einer Hakenleiste für verschiedene Teile wie Schlüssel, Werkzeuge und andere nützliche Utensilien beschrieben.

Das Einkerbwerkzeug besteht aus zwei Rundstahlstücken mit 12 mm Durchmesser, die an einen u-förmig gebogenen Flachstahl angeschweißt wurden. Dieser gewährleistet eine Parallelführung der Rundstahlstücke. Die Einkerbungen können auch mit zwei Hammerfinnen erzeugt werden, wobei der eine Hammer im Schraubstock eingespannt und der andere Hammer auf das Werkstück aufgesetzt wird. Mit dem Vorschlaghammer werden die Einkerbungen auf die gewünschte Tiefe gebracht. In beiden Fällen ist eine zweite Person als Hilfe von Vorteil. In die so entstandenen Segmente werden mit Hilfe eines kugelförmig angeschliffenen Rundstahles Vertiefungen eingeschlagen.

Schwierig ist die genaue Positionierung des Rundstahles im Zentrum eines Segmentes, da der Rundstahl rasch aufgesetzt werden muss, um die Abkühlung des Werkstückes möglichst gering zu halten. Die auf diese Weise eingebrachten Vertiefungen haben keine Funktion, sondern sind nur aus optischen Gründen vorgesehen. Der nächste Schritt ist das Biegen des Hakenhalters, sodass ein Kreissegment entsteht.

Schnecken

Der Flachstahl für die Schnecken wird auf einer Länge von 120 mm mittig gespalten. Je nach Werkzeugausstattung kann dies mit einer Hebelblechschere, einem Einhandwinkelschleifer mit 1 mm Trennscheibendicke oder nach dem klassischen Verfahren – Spalten im glühenden Zustand – durchgeführt werden. Das Biegen der Schnecken erfolgt bei Schmiedetemperatur in einer Vorrichtung. Kleine Nachbesserungen können auch im kalten Zustand durchgeführt werden, da durch den kleinen Querschnitt nur geringe Biegekräfte erforderlich sind.

Haken

Die fünf Haken werden aus Rundstahl angefertigt. Es wurde von der Stange (etwa 1 m) gearbeitet und erst am Ende des Biegevorganges abgelängt. Dadurch kann das Werkstück ohne Zange gehalten werden. An den Rundstahl wird eine Kugel angeschweißt und überstehendes Schweißgut abgeschliffen. Der Biegevorgang wird an einem kegeligen Dorn durchgeführt. Nach dem Biegevorgang wird der Haken abgetrennt.

Zusammenbau

Zwischen den Segmenten wird jeweils eine Bohrung mit 4,5 mm Durchmesser angebracht.

An beiden Enden wird ebenso eine Bohrung für die Nägel oder Schrauben zur Wandbefestigung angebracht. Die Haken werden auf einer Länge von 5 mm abgefeilt oder abgeschliffen, sodass sie in der Bohrung zwischen den Segmenten fest sitzen und leicht überstehen. Dadurch können sie ausgerichtet und auf der Hinterseite des Hakenträgers verschweißt, hart verlötet oder vernietet werden. Die Schnecken werden jeweils an einer Stelle mit dem Hakenträger verschweißt. Die nicht gespalteten Teile der Schnecke werden an den Berührungspunkten mit einem Bund versehen. Dazu wird ein Blechstreifen U-förmig um die Verbindungsstelle gebogen und mit einem Überstand überlappend fertig gebogen. Danach werden die überlappenden Teile mit einem schrägen Trennschnitt abgeschnitten und der Bund fertig zusammengepresst.

Oberflächenbehandlung

Das gesamte Werkstück wird mit Leinölfirnis eingestrichen und mit einer Gasflamme langsam so weit erhitzt, bis das gesamte Leinöl verdunstet und eine matte schwarze Oberfläche entsteht. Unter Umständen muss der Vorgang wiederholt werden, insbesondere dann, wenn blanke Flächen vorhanden sind.

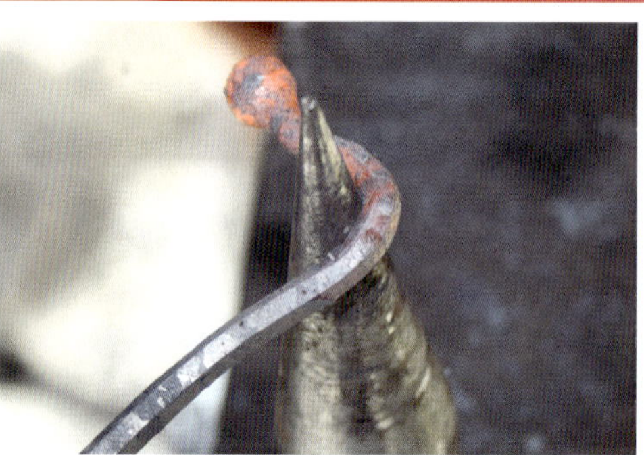

Einkerbwerkzeug aus zwei Rundstahlstücken, die an einen u-förmig gebogenen Flachstahl angeschweißt sind. (oben links)
Einschlagen der kugelförmigen Vertiefungen in die einzelnen Segmente des Hakenhalters mit einem kugelförmig angeschliffenen Rundstahl. (oben rechts)
Hakenträger (Mitte)
Biegen der Haken über einen kegeligen Dorn am Amboss. Die Kugel wurde bereits angeschweißt. (links)

Fenstergitter

Eine häufig vorkommende Schmiedearbeit ist die Herstellung von Fenstergittern. Es gibt viele Formen von Fenstergittern, wie sie beispielsweise an historischen Gebäuden zu finden sind.

Die folgenden Ausführungen beziehen sich auf die Herstellung eines Fensterkreuzes, welches von den typischen Formen der Fenstergitter etwas abweicht.

Arbeitsgänge

Ausgangsmaterial ist Flachstahl mit einem Querschnitt von 40 x 5 mm. Die Länge richtet sich nach den baulichen Erfordernissen. Es werden ein durchgehendes Einzelstück und zwei Einzelstücke hergestellt, die am Kreuzungspunkt miteinander verschweißt werden. Ebenfalls aus Flachstahl biegt man vier Schnecken und verschweißt sie mit dem Fensterkreuz. Die Enden des Fensterkreuzes werden vor dem Verschweißen an beiden Enden spitz ausgeschmiedet und um 90° gebogen. Das konisch verlaufende Ende wird bei Schmiedetemperatur verdreht.

Das ausgespitzte gebogene Ende kann beispielsweise in eine Holzwand eingeschlagen

Fensterkreuz, verschweißt und Schweißnähte abgeschliffen. Das Fensterkreuz liegt auf der im Schmiedeschraubstock eingespannten Biegevorrichtung für die Schnecken. (ganz oben) Schnecken aus Rundstahl für das Fenstergitter (oben) Verdrehen der konisch ausgeschmiedeten Enden des Fenstergitters im Schmiedeschraubstock (rechts)

Ausführungsbeispiel für ein Fensterkreuz (oben)
Typisches geschmiedetes Fenstergitter (unten)

werden. Dies stellt nur eine mögliche Verbindungsart dar, es können auch Schraubverbindungen gewählt werden. Die vier gebogenen und verdrehten Enden werden zu einem Kreuz verschweißt.

Die erforderlichen vier Schnecken aus Flachstahl werden über die Biegevorrichtung gebogen und mit dem Fensterkreuz verschweißt. Die Schweißstellen werden mit dem Winkelschleifer so bearbeitet, dass sie nicht mehr zu erkennen sind.

Nachdem das Fenstergitter mit der Drahtbürste gereinigt worden ist, können noch Richtarbeiten zur Verbesserung der Symmetrie durchgeführt werden. Anschließend erfolgt das Auftragen einer Lackschicht, um Korrosion zu vermeiden.

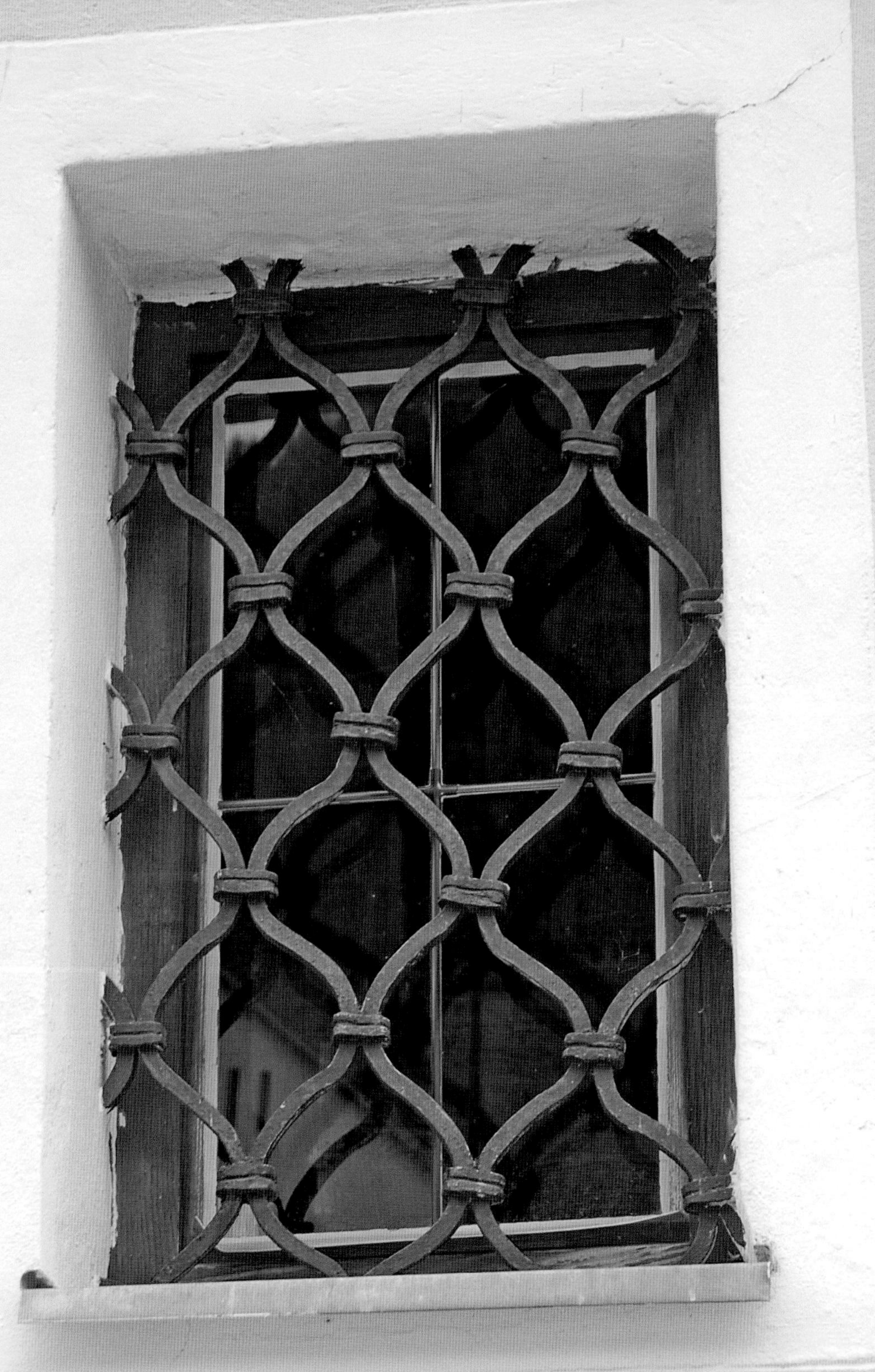

Handwerkzeuge

Schmieden und Härten eines Meißels

Stellvertretend für die Herstellung von einfachen Handwerkzeugen wird die Herstellung eines Meißels beschrieben. Als Rohmaterial wird eine Rechteckstange mit Überlänge verwendet. Da der Meißel auch gehärtet werden muss, ist ein Kohlenstoffgehalt von mindestens 0,5 % erforderlich. Wenn man die Stahlzusammensetzung nicht kennt, sollte eine Funkenprobe durchgeführt werden. Der Rechteckstahl wird einseitig konisch ausgeschmiedet und in die Form eines Flachmeißels gebracht. Die Schmiedearbeiten „Strecken" und „Breiten" sind anzuwenden.

Sobald die Form eines Meißels erreicht ist, wird die Schneidenform grob angeschliffen. Ein Feinschliff der Schneide ist in diesem Zustand noch nicht erforderlich, da zum Härten nochmals auf Rotglut erwärmt wird und dabei die Schneide verzundert. Ebenso werden kleine Ungenauigkeiten weggeschliffen und scharfe Kanten entfernt. Nun kann man mit dem Härtevorgang beginnen. Wird der Meißel aus dem glühenden Zustand im Wasserbad abgeschreckt, erhält man eine sehr hohe Härte, aber eine geringe Zähigkeit (man spricht von glashart), bei Schlagbeanspruchung bricht er daher leicht. Aus diesem Grund werden schlagbeanspruchte Werkzeuge üblicherweise nochmals gering erwärmt (angelassen). Dadurch wird bei ausreichender Härte die Zähigkeit verbessert. Für das Abschrecken wird ein Kübel mit kaltem Wasser in der Nähe der Esse bereitgestellt. Nun wird der Meißel im geschmiedeten Bereich auf Rotglut erwärmt und so weit in das kalte Wasser eingetaucht, dass noch ein kleiner Bereich glühend erhalten bleibt. Durch Schwenkbewegungen mit dem Werkstück wird die Wärmeabfuhr verbessert.

Schmieden eines Flachmeißels. Durch Breiten und Strecken wird die für einen Meißel typische Form erreicht.

Wenn der vordere Teil vollständig abgekühlt ist (nach einigen Sekunden), wird der Meißel aus dem Wasser genommen. Mit einer Feile oder einer Drahtbürste wird anhaftender Zunder entfernt. So kann man beobachten, wie vom nicht abgekühlten Bereich die Restwärme in Richtung Spitze wandert. Bei richtiger Handhabung ist eine Blauverfärbung zu erkennen, die langsam in Richtung der Schneide des Meißels fortschreitet. Sobald sich auch die Schneide blau verfärbt, wird der Meißel vollständig abgeschreckt. Diese Methode nennt man Anlassen mit Restwärme.

Man kann ebenso zuerst vollständig abschrecken und dann nochmals auf Anlasstemperatur erwärmen. Dazu eignet sich eine Gasflamme gut. Den Erfolg des Härte- und Anlassvorganges kann man mit einer feinen Feile überprüfen. Ist die Härte ausreichend, kann mit der Feile kein Span abgenommen werden, die Feile rutscht über das Werkstück.

Härten und Anlassen erfordern einige Übung. Da das Verfahren keinen großen Zeitaufwand erfordert, empfiehlt es sich, mehrere Versuche mit verschiedenen Parametern durchzuführen. Vor allem das Anlassen mit der Restwärme funktio-

Abschreckhärten und Anlassen mit Restwärme. Der Meißel wird in das Wasserbad getaucht, wobei ein kleiner glühender Bereich nicht abgekühlt wird.

Die Meißelschneide ist auf der gewünschten Anlassfarbe (blau). Der Meißel kann nun vollständig abgeschreckt werden.

niert nicht immer, da bei zu geringer Restwärme die Schneide nicht mehr ausreichend erwärmt wird (die Schneide wird nicht mehr blau). Nach Fertigstellung des Härte- und Anlassvorganges wird der geschmiedete Bereich fein ausgeschliffen, sodass keine Hammerschläge mehr sichtbar sind. Dann wird der Meißel mit der geforderten Länge von der Stange abgetrennt und alle Kanten und Grate werden entfernt. Zum Schluss wird die Schneide geschliffen, wobei darauf zu achten ist, dass keine Überhitzung der Schneide auftritt, da sonst die Härte verloren geht. Um Korrosion zu vermeiden, kann der Meißel bis auf den Schneidenbereich lackiert werden.

Brechstange

Nach dem gleichen Verfahren, wie ein Meißel geschmiedet wird, kann auch eine Brechstange hergestellt werden. Ausgangsmaterial ist Rundstahl mit 15 mm Durchmesser und etwa 500 mm Länge. Da die geschmiedeten Bereiche gehärtet werden sollen, ist ein Stahl mit einem Kohlenstoffgehalt von mindestens 0,5 % erforderlich. Im beschriebenen Fall wurde ein Stahl mit 0,8 % Kohlenstoff verwendet, der als Abfallstück von einem ortsansässigen Stahlverarbeiter bezogen wurde.

Zuerst wird eine Seite der Rundstange keilförmig ausgeschmiedet, sodass das Ende etwas breiter als der Stangendurchmesser wird. Danach wird dieser Teil um etwa 45 Grad gebogen, um bei Gebrauch eine Hebelwirkung zu erreichen. Die zweite Seite wird spitz verlaufend geschmiedet (Strecken). Zuerst wird aus dem Rundstahl ein spitz verlaufender Vierkant geschmiedet, der dann auf Achtkant umgeformt wird. Die Anzahl der Kanten wird ständig erhöht, bis eine ausreichende runde Form erreicht wird. Damit sind die Schmiedearbeiten beendet und es werden am Schleifbock Unebenheiten ausgeschliffen. Ebenso wird an der flachen Seite ein Schneidenansatz geschliffen. Es folgt nun das Härten und Anlassen der Arbeitsbereiche wie beim Härten des Meißels beschrieben. Mit einer Fächerscheibe werden Zunder, Schmutz und scharfe Kanten entfernt. Nun werden am Schleifbock die Schneide und die Spitze fertig geschliffen. Die Arbeitsbereiche werden mit Abdeckband abgedeckt und der freie Bereich mit einem Lackspray lackiert.

Sappel für die Forstwirtschaft

Trotz großer Fortschritte in der Modernisierung der Forstwirtschaft wird dieses Handwerkzeug zum Bewegen von Holzstämmen noch immer benötigt. Als Verschleiß tritt dabei eine Abnutzung der Sappelspitze auf. Üblicherweise wird diese dann in einer Schmiede neu ausgeschmiedet (gespitzt) und gehärtet. Nach mehreren Schmiedevorgängen ist es günstig, eine neue Spitze anzufertigen und diese anzuschweißen. Beim Schweißen ist darauf zu achten, dass vollständig durchgeschweißt wird (Anschrägen der Schweißstelle), da sonst an dieser Stelle ein Bruch erfolgen kann.

Nach der Wärmebehandlung erfolgt die Feinbearbeitung durch Schleifen und Schmirgeln.

Dieser Vorgang des Spitzens und Härtens kann natürlich auch bei anderen Werkzeugen in ähnlicher Form angewandt werden.

Schmieden einer Sappelspitze aus einem Rundstahl (0,8 % Kohlenstoffgehalt). (links) Durch Breiten und Strecken wird das Schmiedestück in die Form einer Sappelspitze gebracht. Als Muster dient ein neuwertiger Sappel. (rechts)

Die Sappelspitze wurde an den Sappel angeschweißt. Es wird auf Härtetemperatur erwärmt und abgeschreckt. Das Anlassen kann mit Restwärme oder mit dem Schmiedefeuer erfolgen. (oben) Dies sollte von der dickeren Seite zur Spitze hin erfolgen. Im umgekehrten Fall wird die Spitze rasch zu hoch erwärmt, während der übrige Bereich hart und spröde bleibt. (rechts)

Kerzenleuchter für drei Kerzen im Rohzustand. Schmiedearbeit von Schülern der Fachschule für Maschinenbau an der HTBL Kapfenberg.

Kerzenleuchter – dreiflammig

In diesem Kapitel wird die Herstellung eines Kerzenleuchters für drei Kerzen und freistehende Aufstellung beschrieben. Viele der in den vorangegangenen Kapiteln beschriebenen Grundaufgaben können bei dieser Schmiedearbeit angewendet werden.

Ausgangsmaterialien

Rundstahl mit 18 mm Durchmesser, 1.000 mm lang, Schwarzblech für die Herstellung der Tropftasse und für die Schale des Ständers.

Herstellung der einzelnen Komponenten für den Kerzenständer

Nachfolgend wird die Herstellung der wichtigsten Bauteile für den Kerzenständer beschrieben. Natürlich kann davon abgewichen werden, die Beschreibungen stellen nur einen möglichen Weg für die Herstellung dar.

Kugeln (Abb. s. S. 100)

Die Kugeln werden aus dem Rundstahl geschmiedet. Zuerst wird durch Absetzen und Strecken eine starke Querschnittsverminderung durchgeführt. Danach wird abgeschrotet, sodass der im Bild gezeigte Vorformling entsteht. Anstelle des Abschrotens kann der Trennvorgang auch mit Hilfe einer Trennschleifmaschine oder mit einer Metallsäge durchgeführt werden.

Es werden sechs Kugeln mit entsprechend langen Rundstücken geschmiedet, wobei jeweils zwei Kugeln durch Schweißen miteinander verbunden werden. Das obere Ende, wo man später die Tropftasse für die Kerze anbringt, wird ausgespitzt, um die Kerze richtig aufnehmen zu können.

Seitenteile mit Schnecken (Abb. s. S. 101)

Die Seitenteile sind so genannte Schnecken, wie sie in abgewandelter Form bei Schmiedearbeiten oft Verwendung finden. Dies ist der Teil, der an diesem Werkstück schmiedetechnisch die größte Herausforderung darstellt. Ausgehend von einem Rundstahl mit 18 mm Durchmesser und einer Länge von 200 mm wird dieser zuerst auf einen quadratischen Querschnitt ausgeschmiedet. Nun wird dieser Quadratquerschnitt auf etwa zwei Drittel der Länge mittig aufgespalten. Nach jedem Spaltvorgang wird das Werkstück ausgerichtet. Die erforderlichen Werkzeuge sind im Abschnitt „Spalten" beschrieben.

Wenn solche Schmiedestücke als Unikate angefertigt werden, ist es sinnvoll, sich auf einem Karton die fertige Form des Werkstückes aufzuzeichnen. Durch Darüberlegen des erkalteten Werkstückes kann die Form des Werkstückes nach jedem Arbeitsschritt kontrolliert werden. In den meisten Fällen benötigt man jedoch mehrere Werkstücke, sodass sich die Herstellung einer Biegevorrichtung für die Schnecken lohnt. Außerdem ist es sinnvoll, einige Vorrichtungen für Schnecken mit verschiedenen Größen auf Lager zu haben, da diese immer wieder benötigt werden.

Biegen der Schnecken

Nachdem der Quadratstab fachgerecht gespaltet und danach ausgerichtet wurde, kann mit dem Biegen der Schnecken begonnen werden. Wie aus dem Bild des fertigen Werkstückes zu ersehen ist, sind drei verschiedene Schnecken für jedes Seitenteil zu biegen. Alle drei Schnecken haben jedoch den gleichen Radius, werden aber verschieden weit gebogen. Es kann daher mit einer Vorrichtung das Auslangen gefunden werden. Das Werkstück wird nun an der gespalteten Seite wieder auf Schmiedetemperatur erwärmt und die beiden Enden werden am Amboss ausgespitzt. Nachdem diese Arbeit abgeschlossen ist, kann mit dem Biegevor-

Absetzen mit dem Absetzhammer (nicht im Bild), Strecken mit dem Kehlhammer

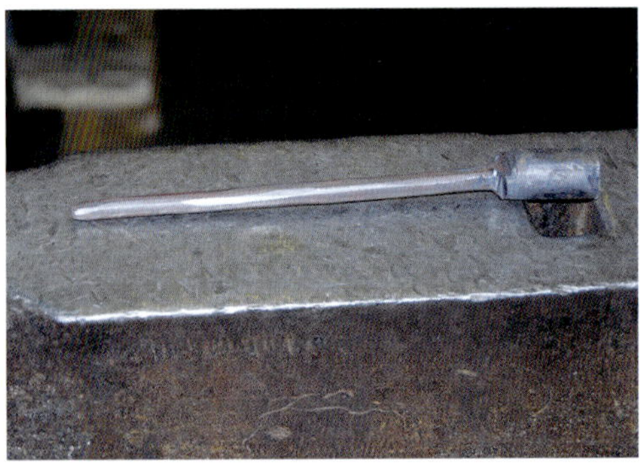

Vorformling für das Schmieden einer Kugel. Der gestreckte Teil hat einen kreisförmigen Querschnitt von ungefähr 6 mm Durchmesser.

Handgeschmiedete Kugel. Jeder Hammerschlag formt eine kleine ebene Fläche. Die Kugel besteht daher aus vielen kleinen ebenen Flächen, die an den Schnittflächen Kanten ergeben. Je geringer die Kraft, mit der die Hammerschläge ausgeführt werden, umso weniger Kanten entstehen. Wie weit die Kugel wirklich die geometrische Form einer Kugel und nicht die eines Ellipsoides annimmt, hängt vom Geschick des Schmiedes ab.

Kugel im Gesenk geschmiedet. Wenn kein Gesenk zur Verfügung steht, kann bei der handgeschmiedeten Kugel durch Schleifen, Feilen und Schmirgeln die Oberfläche verfeinert werden.

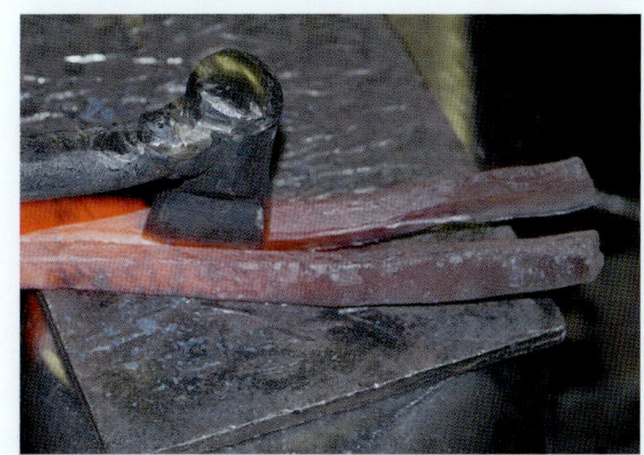

Spalten des Quadratstahles auf einer nicht gehärteten Unterlage. Die gespalteten Teile verformen sich beim Spalten und müssen daher ausgerichtet werden.

Biegevorrichtung für das Biegen der Schnecken für den Kerzenhalter. Die Vorrichtung besteht aus Flachstahl und wird mittels eines angeschweißten Flachstahles im Schmiedeschraubstock eingespannt.

Biegen der ersten Rundung der Schnecke über einen Dorn. Falls dieser nicht vorhanden ist, kann auch über das Horn des Ambosses gebogen werden.

Biegen in der Biegevorrichtung. Der vorgebogene Teil der Schnecke wird mit einer Schmiedezange in der Vorrichtung festgehalten und gegen Verrutschen gesichert. Der glühende Stab wird von Hand (da das Werkstück heiß ist, muss es mit einer Zange gehalten werden) um die Rundung der Vorrichtung gebogen. In den meisten Fällen ist eine mehrfache Erwärmung notwendig.

Biegen der dritten Schnecke. Diese Schnecke wird so weit gebogen, bis die gegenüberliegende Schnecke an der Biegevorrichtung ansteht.

Das Bild zeigt das fertig geschmiedete Seitenteil mit Schnecken

Mittelteil (in diesem Fall wurde der Ansatz für das Nieten durch Drehen auf einer Drehmaschine hergestellt) mit gebohrter Schale für den Ständer.

Blechzuschnitt für die Tropftasse der Kerze aus Schwarzblech mit 2 mm Dicke (links) Fertige Tropftasse, mit Mattlack lackiert (rechts)

gang begonnen werden. Der erste Teil der Schnecke wird über einen kegeligen Dorn, der in die Vierkantbohrung am Amboss eingesetzt ist, gebogen. Damit entsteht der Teil der Schnecke, der mit einer Schmiedezange in der Vorrichtung festgehalten wird.

Als nächster Schritt folgt das Biegen der Schnecke in der Biegevorrichtung.

Das zweite gespaltete Stück wird ebenso über die Biegevorrichtung gebogen, jedoch weniger weit. Der nicht gespaltete Teil dieses Schmiedestückes wird zuerst ausgeschmiedet (Längen, Breiten) und dann ebenso über die Biegevorrichtung gebogen.

Für das Einsetzen des zylindrischen Teiles der beiden Kugeln ist noch eine entsprechend große Bohrung (tatsächliches Maß abnehmen) herzustellen.

Mittelteil

Ein etwa 150 mm langes Stück des Rundstahles mit 18 mm Durchmesser wird kegelig ausgeschmiedet, sodass am dicken Ende eine kleine Verringerung des Querschnittes vom Ausgangsmaterial entsteht. Am dünnen Ende werden die beiden Kugeln angeschweißt und die Schweißstellen so bearbeitet, dass von der Schweißstelle nichts mehr zu erkennen ist. Das dicke Ende dieses Teiles wird mit der Schale vernietet und muss daher auf den Durchmesser der Bohrung in der Schale abgesetzt werden. Die Schale hat eine Dicke von 4 mm, daher sollte der abgesetzte Teil eine Länge von etwa 15 mm haben. Das Absetzen kann nach dem bereits beschriebenen Verfahren „Absetzen" oder durch mechanische Bearbeitung (Drehen) erfolgen. Die schmiedetechnisch nicht korrekte Methode besteht darin, ein Gewindestück (Gewindestange oder Schraube) anzuschweißen und dies mit der Schale des Ständers zu verschrauben. Auch Hartlöten oder Schweißen wäre eine mögliche Verbindungsmethode.

Tropfschale für die Kerze

Die Tropfschale für den dargestellten Kerzenleuchter ist aufwändig gestaltet. Ausgegangen wird von einem Schwarzblech mit 2 mm Dicke und 120 mm Durchmesser.

Zuerst wird der Mittelpunkt angekörnt, dieser Punkt wird auch später für das Bohren des Loches für die Spitze zur Kerzenaufnahme benötigt. Mit einem Metallzirkel, falls vorhanden, wird der Kreis angerissen. Man kann den Kreis auch mit einem Bleistiftzirkel zeichnen, er ist dann nicht so gut zu sehen und wird leicht verwischt. Für das Ausschneiden des Kreises bieten sich mehrere Möglichkeiten an: die Stichsäge mit Metallsägeblatt, autogenes Brennschneiden, segmentförmiges Ausschneiden mit einer Hebelblechschere oder einer Trennschleifmaschine. Auf alle Fälle wird mehr oder weniger Nacharbeit am Schleifbock oder mit der Feile notwendig sein, um eine schöne runde Form zu erreichen. Danach wird ein Zehneck angezeichnet und ein weiterer kleinerer Kreis mit etwa 100 mm Durchmesser. Dabei entstehen zehn Segmente, die entsprechend dem Bild mit Schleifmaschine und Feile kreisbogenförmig gerundet werden. Um diese Segmente besser zur Geltung zu bringen, können die Linien mit einem Kehlmeißel oder Kehlhammer vertieft werden.

Die zehn Segmente sind kugelförmig gewölbt. Dies kann man mit einem Treibhammer, der kugelförmige Schlagflächen besitzt, erreichen. Behelfsmäßig kann auch eine Kugel (etwa aus einem alten Kugellager) an einen Hammer angeschweißt werden. Es muss auch eine Unterlage vorhanden sein, die im besten Fall der Wölbung entspricht, behelfsmäßig genügt auch eine ringförmige Öffnung wie z. B. ein Rohr mit entsprechendem Durchmesser.

Schale für den Ständer

Als Ständer wird eine Schale aus 4 mm dickem Schwarzblech mit etwa 200 mm Durchmesser

Gesenk zum Pressen von Schalen in einer hydraulischen Presse mit 200 KN Presskraft, mit Gesenkoberteil und Gesenkunterteil.

Pressen der Schale für den Ständer

Einzelteile des Kerzenständers, bestehend aus Schale für den Ständer, Mittelteil, zwei Seitenteilen (mit Schnecken), zwei seitlichen Kerzenhaltern und drei Tropftassen

Vernieten des Mittelteiles mit der Schale des Ständers.

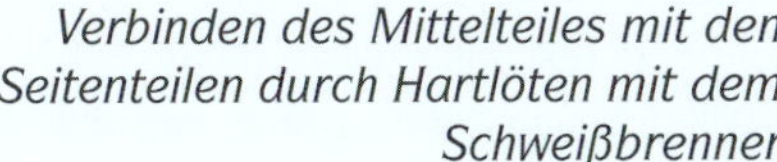

Verbinden des Mittelteiles mit den Seitenteilen durch Hartlöten mit dem Schweißbrenner

Hartlötstelle für das linke Seitenteil. Das Messinglot hebt sich stark vom Stahl mit seiner grauen Zunderschicht ab. Es ist daher günstig, diesen Teil mit einer an das Schmiedestück angepassten Farbschicht zu überziehen, wenn nicht der gesamte Kerzenleuchter lackiert wird.

Fertig zusammengebauter Kerzenleuchter. Die Schweißstellen der angeschweißten seitlichen Kerzenleuchter sind noch zu erkennen. In der Nähe der Hartlötstellen ist grauer Niederschlag vom Flussmittel zu sehen.

verwendet. Dieses Verfahren ist identisch mit jenem für die Herstellung der Tropfschalen. Während bei den Tropfschalen die Ränder glatt sind, wird beim Ständer der Rand im glühenden Zustand gehämmert, wodurch sich eine geschmiedete Struktur ergibt. Falls vorhanden können die Schalen auch in einem Gesenk im kalten Zustand mittels einer hydraulischen Presse geformt werden.

In den Ständer wird mittig eine Bohrung mit 10 mm Durchmesser gebohrt, wo später der mittlere Teil des Kerzenleuchters mit der Schale vernietet wird.

Zusammenbau

Der Zusammenbau der einzelnen Teile kann nach verschiedenen Methoden erfolgen. Die angeführten Vorgangsweisen sind daher nur als Vorschlag zu betrachten.

Zuerst werden Mittelteil und Ständerschale miteinander vernietet. Dazu wird das abgesetzte Stück des Mittelteiles auf Schmiedetemperatur erhitzt und in die Bohrung der Ständerschale gesteckt. Danach wird das Mittelstück im Schraubstock eingespannt und das glühende, abgesetzte Stück des Mittelteiles gestaucht (vernietet). Durch die Abkühlung wird die Verbindung noch fester.

Nun werden die beiden seitlichen Kerzenhalter mit den beiden Seitenteilen verschweißt und die Schweißstelle so nachbearbeitet, dass die Schweißstelle nicht mehr zu erkennen ist. Als nächstes werden die beiden Seitenteile durch Hartlöten (in diesem Fall mit dem Schweißbrenner) an das Mittelteil angelötet.

Für das Verbinden des Mittelteiles mit den Seitenteilen eignet sich Hartlöten sehr gut, da keine Nacharbeit erforderlich ist. Allerdings hebt sich das Hartlot durch seine Messingfarbe von der dunklen verzunderten Farbe des Schmiedestückes stark ab, sodass ein Farbüberzug notwendig ist. Links ist der Schweißbrenner zu sehen, rechts das Messinghartlot mit Flussmittel an der Spitze. Die zu verbindenden Teile werden mit einem geringen Spalt aneinandergelegt und auf Rotglut erhitzt. Ebenso wird das Hartlot erhitzt und in das Flussmittel (Pulver) getaucht. Dabei bleibt das Flussmittel am Hartlot haften. Nach Erreichen der Rotglut wird das Hartlot an der Lötstelle zugesetzt und füllt durch Kapillarwirkung den Lötspalt aus. Bei zu geringer Löttemperatur perlt das Lot an der Oberfläche ab. An der Stelle X ist die Schweißstelle für die seitlichen Kerzenhalter zu erkennen. Diese werden noch nachbearbeitet, sodass von der Schweißstelle nichts mehr zu erkennen ist. Alternative Methoden sind Schweißen oder Nieten.

Der letzte Arbeitsschritt in der Schmiedewerkstätte besteht im Anlöten der Tropfschalen. Dies kann in der gleichen Weise wie das Anlöten der Seitenteile erfolgen. Der Durchmesser der Bohrung ist geringfügig größer als der Durchmesser der Spitzen für die Kerzen herzustellen, damit ein kleiner Spalt für das Hartlot bestehen bleibt.

Oberfläche

Bevor dieses Werkstück die Werkstätte verlässt, ist noch eine gründliche Reinigung des gesamten Kerzenständers mit einer Drahtbürste durchzuführen. Dabei können noch kleine Fehler entdeckt werden, die sich meistens durch Schleifen oder Feilen beseitigen lassen. Auf alle Fälle sollten die Hartlötstellen mit einer angepassten Farbe abgedeckt werden. Es ist günstig, das Werkstück zu lackieren, um Rostbildung zu verhindern (Kapitel Oberflächenbehandlung, Seite 76).

Variationen mit den Bauelementen des dreiflammigen Kerzenleuchters

Mit relativ geringem Aufwand können mit den Einzelteilen für den vorhin beschriebenen Kerzenleuchter ähnliche Schmiedestücke hergestellt werden. Es sind dies beispielsweise ein Kerzenleuchter für Wandbefestigung und ein Halter für eine Blumenampel.

Neu zu den bisherigen Bauteilen kommt eine Wandbefestigung aus Flachstahl dazu. Dafür gibt es verschiedene Methoden, wie in den folgenden Bildern zu sehen ist. Damit werden zwei verschiedene Möglichkeiten für die Gestaltung der Enden der Wandbefestigung beschrieben. Ausgehend von einem Flachstahl mit 35 mm Breite und 4 mm Dicke wird dieser an den Enden, in der Mitte oder mit zwei Schnitten auf einer Länge von etwa 60 mm mit einer Trennscheibe mit 1 mm Dicke aufgeschnitten. Die richtige Schmiedearbeit wäre Spalten im glühenden Zustand.

Die äußeren Enden sollen ausgespitzt und rund nach außen gebogen werden. Zuerst wird der Schnittspalt mit einem Meißel vergrößert und das auszuschmiedende Teil vorübergehend abgebogen, um schmieden zu können.

Die folgenden Bilder zeigen die Schritte für die Anfertigung der Wandbefestigung.

Nach der Schmiedearbeit sind noch die Bohrungen für die Schrauben in die Wand herzustellen sowie die Bohrungen für die Verbindung mit den übrigen Bauelementen.

Flachstahl, Ende zweigeteilt

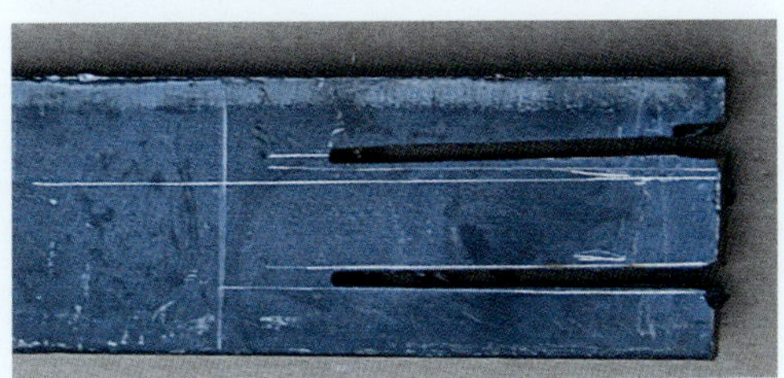

Flachstahl, Ende dreigeteilt

Spreizen der aufgeschnittenen Stücke der Wandbefestigung

Arbeitsschritte für die Anfertigung der Enden des Wandhalters, Ausführung zweiteilig

Arbeitsschritte für die Anfertigung der Enden des Wandhalters, Ausführung dreiteilig

Variante 1: Kerzenleuchter für Wandbefestigung

In diesem Kapitel wird die Herstellung eines Kerzenleuchters für die Wandbefestigung beschrieben. Mit nahezu den gleichen Baugruppen wie für den dreiflammigen Kerzenleuchter kann ein einfacherer Kerzenleuchter hergestellt werden.

Bauteil Wandbefestigung

Dieses wird aus Flachstahl oder Blech mit 4 mm Dicke, 30 mm Breite und 220 mm Länge hergestellt. Für die Ausführung werden die in den vorangegangenen Bildern dargestellten Methoden vorgeschlagen.

Das gesamte Werkstück wird auf der Sichtseite im glühenden Zustand gehämmert, um eine Schmiedestruktur zu erreichen. Eine Einkerbung der Ränder wirkt sich optisch auch gut aus.

Verbindung der Wandbefestigung mit dem Kerzenhalter

Die einfachste Methode ist Löten oder Schweißen. Optisch schöner ist eine Niete mit geschmiedetem Kopf, diese kann auch als Zierniete verwendet werden, wenn zuvor die Bauteile durch Löten oder Schweißen bereits miteinander verbunden sind. Anstelle der Zierniete kann auch die Schraube für die Wandbefestigung mit einem geschmiedeten Kopf versehen werden. Dazu wird an die Schraube ein Stück Rundstahl angeschweißt und ausgeschmiedet. Es ist empfehlenswert, das anzuschweißende Stahlstück erst nach dem Anschweißen abzuschneiden, da sonst das Stahlstück während des Schweißvorganges aufschmilzt. Das Schmieden des Kopfes erfolgt nach dem im Kapitel Nägel und Nieten beschriebenen Verfahren (siehe S. 58 ff.).

Fertiger Kerzenleuchter für die Wandbefestigung, Enden 2-teilig, nach außen eingerollt. Lediglich das Bauteil Wandbefestigung ist neu.

Variante 2: Blumenampel

An Stelle des Kerzenhalters kann auch ein Halter für einen Blumentopf angebracht werden.

Wandbefestigung und Schnecke wurden bereits bei den beiden Kerzenleuchtern verwendet. Neu hinzu kommt der waagrechte Ausleger aus Quadratstahl mit 15 mm Kantenlänge. Dieser wird auf der einen Seite gespaltet, verjüngend ausgeschmiedet und kreisförmig gebogen, sodass ein Blumentopf aufgenommen werden kann. Auf der anderen Seite wird ein Zapfen abgesetzt, der mit der Wandaufnahme vernietet oder verschweißt wird. Zwischen Schnecke und Ausleger wird eine Kugel eingebaut, die auf der unteren Seite mit der Schnecke verschweißt ist. Die Kugel hat einseitig einen Schaft, der mit dem Ausleger vernietet wird. Der Ausleger wird dazu warmgelocht, dies ergibt eine schönere Optik als eine Bohrung. Die Verbindung von Schnecke und Wandhalter erfolgte in diesem Fall durch Nieten.

Halter für einen Blumentopf mit Wandbefestigung, Enden des Wandhalters 3-teilig.

Gelochter Ausleger mit angenieteter Kugel. Durch das Lochen entsteht eine typische Ausbeulung durch die Materialverdrängung auf beiden Seiten.

Beispiele für ausgeführte Schmiedearbeiten

Zier- und Gebrauchsgegenstände

Skizzen und Zeichnungen von Schmiedearbeiten

In diesem Kapitel werden Bilder von ausgewählten Schmiedearbeiten gezeigt, die teilweise über den Umfang der in den vorangegangenen Kapiteln gezeigten Arbeiten hinausgehen.

Skizzen und alte Fotos aus der Sammlung der Höheren Technischen Lehranstalt Kapfenberg sollen außerdem beim Entwurf von Schmiedestücken eine Leitlinie geben.

Zier- und Gebrauchsgegenstände

Auf den folgenden Bildern werden Bilder von Schmiedearbeiten gezeigt, die ohne großen Materialaufwand und mit der Grundausstattung einer Schmiedewerkstätte hergestellt werden können.

Kleine Kerzenständer aus Flachstahl oder Blech. Die Sichtseiten sind mehrfach gekehlt. Spalt-, Biege- und Kehlarbeit. Sammlung der Höheren Technischen Lehranstalt Kapfenberg.

Gitter und Tore

Geschmiedeter Fensterladen an einem Haus in der Altstadt Salzburgs

Klassische Form eines schmiedeeisernen Fenstergitters im Stift Melk

Gitter im Salzburger Dom

Stiegengeländer in der Stiftskirche Spital am Pyhrn. Im Hintergrund ist eine schmiedeeiserne Tür zu sehen.

Foto der Transparentpapierzeichnung für das Tor zur Bundesfachschule für Bau-, Kunst- und Maschinenschlosserei in Bruck an der Mur. Das Tor wurde zur 50-Jahr-Feier der Schule geschmiedet.

Tor zum Hof des Stiftes Spital am Pyhrn

Geschmiedetes Gitter in Verbindung mit einer Mauer in Andalusien. Diese Form ist im deutschsprachigen Raum nicht zu finden.

Geschmiedetes Fenstergitter (aus dem Bildarchiv der HTBL Kapfenberg)

Grabkreuze

Auf manchen Friedhöfen kann man wunderschöne Schmiedearbeiten finden. Die folgenden Bilder geben einen kleinen Einblick in dieses Thema.

Geschmiedete Grabkreuze auf dem Friedhof in Gmunden

Schmiedeeisernes Grabkreuz auf dem Ortsfriedhof von Spital am Pyhrn.

Kerzenständer

Kerzenständer sind beliebte Kunstschmiedeobjekte. Sie sind von der Größe und dem Gewicht her leicht zu handhaben, dennoch können schwierigste Schmiedearbeiten enthalten sein. Die folgenden Beispiele zeigen einige Details.

Dreiflammiger Kerzenständer für Wandbefestigung

Detail der Kerzenbefestigung

Vierflammiger Kerzenleuchter, Sammlung der Höheren Technischen Lehranstalt Kapfenberg

Details der aufwändigen Verbindungstechnik des Kerzenhalters

Verschiedene Schmiedearbeiten

Geschmiedete Zunftzeichen in der Getreidegasse in Salzburg

Kerzenhalter, aus einem alten Türbeschlag hergestellt

Spalt- und Biegearbeit an einer Bücherstütze. (Fachoberlehrer Walter Pichler, Höhere Technische Bundeslehranstalt Kapfenberg)

Geschmiedete Laterne mit Ausleger im Stift Spital am Pyhrn, Österreich

Kerzenhalter im Freilichtmuseum Lillehammer, Norwegen. Bei dieser Arbeit steht die Schlosserarbeit im Vordergrund.

Skizzen und Zeichnungen von Schmiedearbeiten

Die folgenden Bilder stammen aus der Sammlung der Höheren Technischen Bundeslehranstalt Kapfenberg (Fachschule für Bau-, Kunst- und Maschinenschlosserei). Sie sollen zeigen, wie man fachgerecht an die Entstehung von Schmiedestücken herangeht.

Skizzen verschiedener Türgriffe

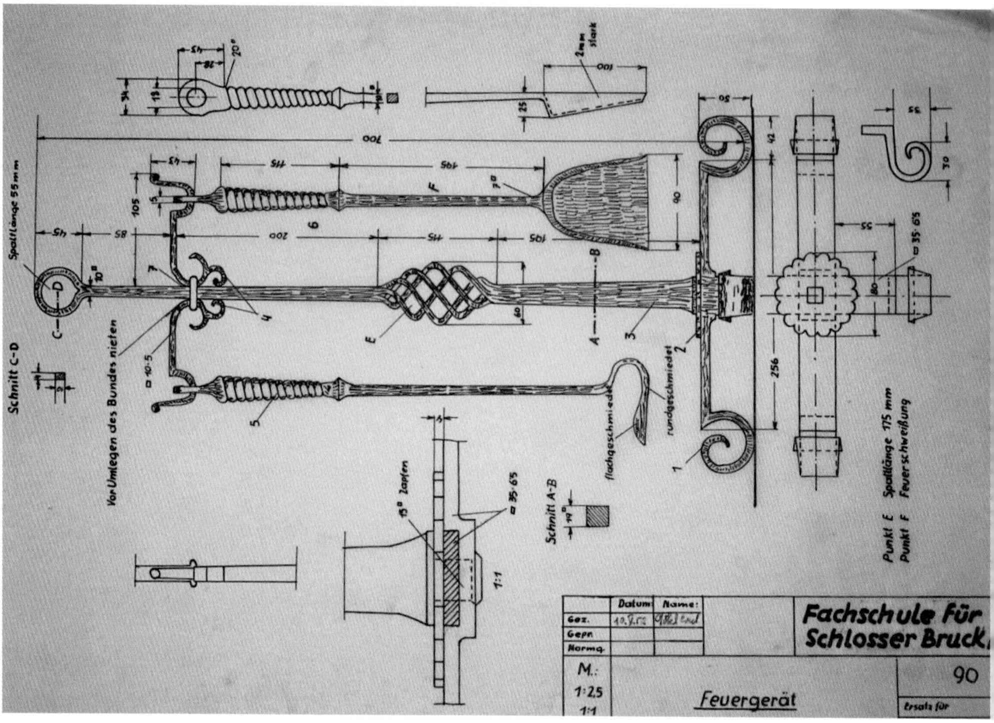

Fachschule für Schlosser Bruck

	Datum	Name:
Gez.	10.9.[illegible]	[illegible]
Gepr.		
Norm.		

M.: 1:2,5 1:1

Feuergerät

90

Ersatz für

Werkstattzeichnung für die Herstellung von Feuergeräten (Schaufel und Schürhaken für einen Kamin) (oben) Skizze für einen Türbeschlag (unten)

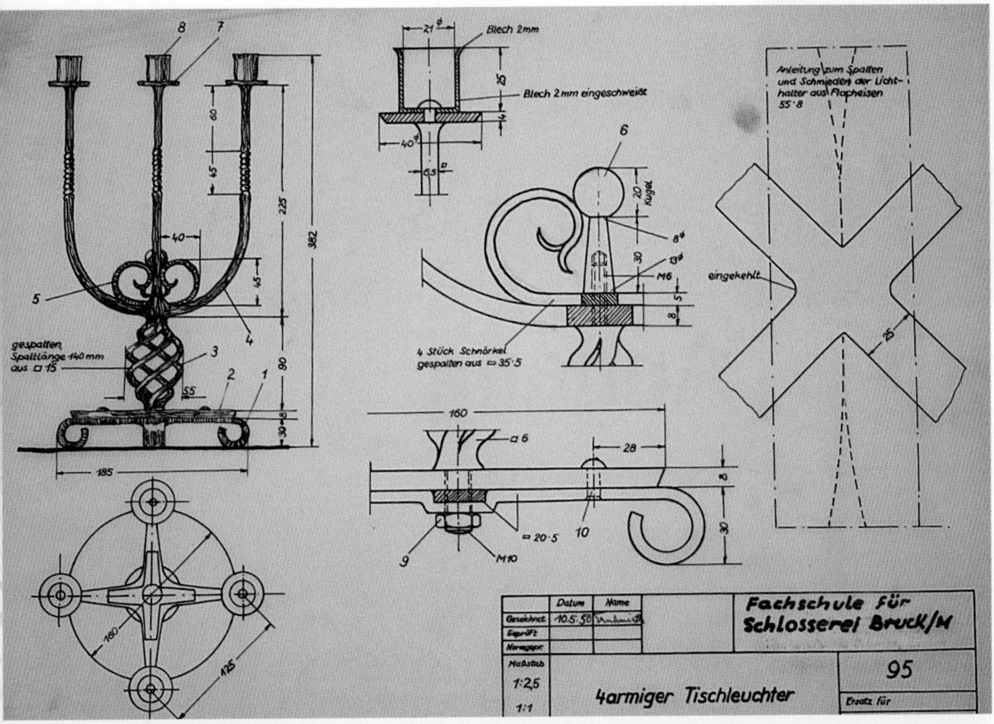

gespalten, Spaltlänge 140 mm aus □ 15

Blech 2mm

Blech 2mm eingeschweißt

4 Stück Schnörkel gespalten aus ▭ 35·5

Anleitung zum Spalten und Schmieden der Lichthalter aus Flacheisen 55·8

eingekehlt

	Datum	Name
Gezeichnet	10.5.56	
Geprüft		
Normgeprüft		

Fachschule für Schlosserei Bruck/M

Maßstab 1:2,5 1:1

4armiger Tischleuchter

95

Ersatz für

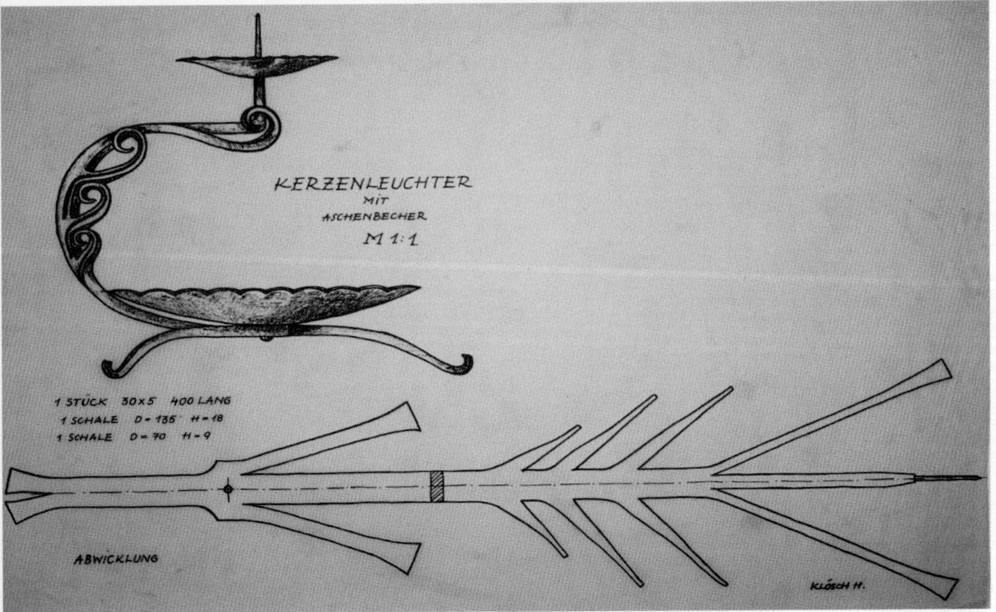

Werkstattzeichnung für einen Tischleuchter. (oben) Skizze eines Kerzenleuchters. Darunter die erforderliche Form des gespalteten und geschmiedeten Stabes im geraden Zustand. (unten)

Anhang

Fachbegriffe

Abgeschrotet
Abtrennen eines Werkstückes mit keilförmigen Werkzeugen, meistens im glühenden Zustand.

Abschreckhärten
Durch Abschrecken in kaltem Wasser kann die Härte von Stahl wesentlich erhöht werden. Voraussetzung ist ein Kohlenstoffgehalt von mindestens 0,5 %

Absetzen
Ein Werkstück wird an einer Stelle im Durchmesser verringert.

Amboss
Wichtiges Werkzeug des Schmiedes mit großem Gewicht; auf dem Amboss werden die Schmiedearbeiten durchgeführt.

Ambossbahn
Oberseite des Ambosses

Anlassen
Wärmebehandlung von Stahl, bei der durch Verringerung der Härte die Zähigkeit des Werkstückes vergrößert wird.

Anlassfarbe
Stahl zeigt bei Erwärmung temperaturabhängig verschiedene Farben.

Aufhärten der Schweißstelle
Wird Stahl mit einem Kohlenstoffgehalt von mehr als 0,5 % verschweißt, so wird durch die rasche Abkühlung der Schweißstelle an der Luft ein Härtevorgang in der Schweißstelle ausgelöst.

Autogenschweißanlage
Anlage zum Gasschmelzschweißen

Biegegabel
Vorrichtung zum Warmbiegen von runden Werkstücken

Biegevorrichtung
Vorrichtung zum reproduzierbaren Biegen von Werkstücken, z. B. Schnecken

Borax
Hilfsmittel beim Feuerschweißen

Breiten
Schmiedeverfahren, bei dem die Breite des Werkstückes vergrößert wird.

Brennschneiden
Trennverfahren, bei welchem mittels einer Gasflamme Metalle durchtrennt wird.

Damaszenerstahl
Stahl, der aus mehreren Lagen unterschiedlicher Stähle besteht, die miteinander feuerverschweißt sind.

Durchwärmung
Das Werkstück zeigt über den gesamten Querschnitt die gleiche Temperatur.

Eigenspannungen
In einem Werkstück können, ohne Krafteinwirkung von außen, innere Spannungen vorhanden sein. Dies kann beispielsweise durch ungleiche Abkühlung entstehen.

Eisen-Kohlenstoff-Diagramm
Ein Schaubild, welches die Zusammenhänge des Systems Eisen-Kohlenstoff in idealisierter Form darstellt.

Esse
Gerät zur Erwärmung von Schmiedestücken; meistens mit Gas oder Kohle betrieben

Fächerscheibe
Schleifscheibe mit mehreren fächerförmig angeordneten Schleifscheiben aus Karton

Feldschmiede
Transportable Esse zur Aufstellung im Freien

Feuerschweißen
Historisches Schweißverfahren mit Hilfe des Schmiedefeuers

Flussmittel
Hilfsmittel beim Löten

Freiformschmieden
Schmiedeverfahren, bei dem der Schmied mit Hilfe von Hammer und Amboss das Schmiedestück herstellt.

Gasesse
(Erd-)Gasbetriebene Esse mit Keramikchips zur besseren Durchwärmung der Werkstücke

Gasofen
Mit Flüssiggas betriebene Gasfeuerung

Gegenläufige Verdrehung
Die Verdrehung eines Stabes erfolgt einmal nach links und einmal nach rechts.

Gesenk
Eine Form, in welche die Geometrie des zu erzeugenden Werkstückes eingearbeitet ist.

Gesenkschmieden
Schmiedeverfahren, bei dem die Form des Schmiedestückes durch das Gesenk bestimmt wird.

Glashärte
Sehr hohe Härte eines Werkstückes, kann bei Schlagbeanspruchung wie Glas zerspringen.

Glühen
Wärmebehandlung, bei der z. B. innere Spannungen beseitigt werden.

Gratebene
Spalt zwischen Gesenkoberteil und Gesenkunterteil, der dadurch entsteht, dass beim Gesenkschmieden mit Materialüberschuss gearbeitet wird.

Gripzange
Selbstarretierende Zange

Hammerbahn
Quadratische Seite des Hammers, mit der die Schläge ausgeführt werden.

Hammerfinne
Halbrund geformte Seite eines Hammers

Hartlöten
Verbindungsverfahren für Metalle mit Messing- oder Silberlot

Kehlhammer
Hammer zum Herstellen von runden oder spitzen Vertiefungen

Keramik-Chips
Keramikstücke in der Größenordnung von Schmiedekohle für die Verwendung in Gasessen.

Korrosionsbeständiger Stahl
Stahl mit mindesten 12 % Chromgehalt; rostet nicht.

Kristallgitter
Atomare Anordnung der Eisen- und Kohlenstoffatome

Kröpfen
Zwei sich kreuzende Stäbe werden so geformt, dass eine Seite der Kreuzung in einer Ebene verläuft.

Legierung
Verbindung von mehreren Metallen zur Erzielung bestimmter Stoffeigenschaften

Lufthärter
Stahl, der aufgrund seiner Legierungselemente bereits bei Abkühlung an Luft eine Härtung erreicht.

Manipulator
Gerät zum Halten und Bewegen von großen Schmiedestücken

Neutrale Faser
Gedachte Linie, die bei Biegung eines Werkstückes weder gestaucht noch gedehnt wird.

Normalglühen
Glühverfahren, um den Ausgangszustand eines Stahles herzustellen.

Reines Eisen
Chemisch reines Eisen

Restwärme
Temperatur des nicht vollständig abgeschreckten Werkstückes beim Härten

Sappel
Werkzeug zum Bewegen von Rundholz für Forstarbeiter

Schleiffunkenprobe
Einfaches Verfahren zur überschlägigen Bestimmung der Stahlzusammensetzung

Schmiedetemperatur
Günstige Temperatur für das Schmieden

Schweißbarkeit
Schweißeignung von Stahl; hochlegierte Stähle sind ohne Zusatzmaßnahmen nicht gut schweißbar.

Spalten
Schmiedeverfahren, bei dem mit einem Spalthammer oder Spaltmeißel ein Schmiedestück längs getrennt wird.

Stahl
Legierung von Eisen mit Kohlenstoff

Stauchen
Schmiedeverfahren, bei dem die Länge des Werkstückes abnimmt und die Dicke zunimmt.

Strecken
Schmiedeverfahren, bei dem die Länge des Werkstückes zunimmt und die Dicke abnimmt.

Volumenkonstanz
Beim Schmieden bleibt das Volumen des Werkstückes konstant.

Vorschlaghammer
Schwerer Hammer für kräftige Schläge, kann durch einen Maschinenhammer ersetzt werden.

Werkstoffnummern
System zur Kennzeichnung von Metallen

Zerspanung
Bearbeitung durch spanabhebende Verfahren, wie z. B. Drehen und Fräsen

Zunder
Oxidschicht an der Stahloberfläche, hervorgerufen durch den Luftsauerstoff

Literatur

Enander, Lars; Noren, Karl-Gunnar: Schmieden lernen. Verlag Th. Schäfer im Verlag Vincentz Network GmbH & Co. KG, Hannover 2008. ISBN 978-5-87870-672-4

Hundeshagen, Hermann: Der Schmied am Amboß. Verlag Vincentz Network GmbH & Co. KG, Hannover 2010. Nachdruck der 8. Auflage aus dem im Jahre 1989 im VEB Verlag Berlin erschienenen Titel „Kleinschmiede, Arbeitsmittel und Verfahren“. ISBN 978-3-87870-589-9

Schmirler, Otto: Werk und Werkzeug des Kunstschmieds. Verlag Anton Schroll & Co. Wien 1981. ISBN 3-7031-0529-1

Sims, Lorelei: The Complete Blacksmith – Verlag Apple Press, UK 2006. ISBN 978-1-84543-133-4

Tabellenbuch Metall – von Lehrern und Ingenieuren an berufsbildenden Schulen. Europa-Fachbuchreihe für Metallberufe, 2006. Buch Nr. 2026

Weißbach, Wolfgang: Werkstoffkunde und Werkstoffprüfung. Verlag Vieweg & Sohn, Braunschweig 1994. ISBN 3-528-84019-6

Informationsquellen

Angele-Katalog
Ein Katalog über Werkzeuge und Werkstoffe für das Schmieden: www.angele.de.

Böhler Edelstahlhandbuch
Firmenschrift der Firma Böhler Edelstahl, Kapfenberg, Österreich. Dieses Buch liegt auch in elektronischer Form vor: www.bohler-edelstahl.com. Unter dem Schlagwort „Service“ steht das Edelstahlhandbuch zum Download zur Verfügung.

Bilder von Schmiedearbeiten der HTBL Kapfenberg im Internet
www.htl-kapfenberg.ac.at
→ Ausbildung → Werkstätten → Kunst des Schmiedens